高等学校计算机基础教育课程“十二五”规划教材·卓越系列

计算机应用基础实践教程

（第二版）

主　编　蒋加伏
副主编　胡红宇　李　平　申文耀　杨鼎强
编　者　廖　斌　李文锋　文平耿　肖擎钢
刘艳松　杜飞明　高敏知　曾永和
何庆应　艾寿民　汤加佑　杨志茹
周志伟　游新娥　赵海琳　杨小毛
于训全　邱丽芳

中国铁道出版社
CHINA RAILWAY PUBLISHING HOUSE

内 容 简 介

本书是与《计算机应用基础》（第二版）配套的实验指导书，用于辅助教师实践教学，也可以帮助学生自学。全书共分三部分：第一部分为与教学内容配套的 12 个实验，以培养学生计算机应用的基本技能，采用案例方式叙述，按零起点设计。其中 Windows XP 操作系统实验 2 个，Office 办公自动化软件应用实验 5 个，网络及其应用实验 4 个，网络信息安全实验 1 个。第二部分为进一步提高学生的综合应用能力而设计的自测内容。第三部分为计算机等级考试基础知识训练题，对获取计算机应用能力证书有所帮助。

本书内容丰富、知识全面，侧重应用能力的培养，适合作为高等学校非计算机专业的计算机基础课程教材，也可供其他读者自学。

图书在版编目（CIP）数据

计算机应用基础实践教程 / 蒋加伏主编. — 2 版. —北京：
中国铁道出版社，2012.6（2014.8 重印）
高等学校计算机基础教育课程“十二五”规划教材.
卓越系列
ISBN 978-7-113-14656-6

Ⅰ. ①计… Ⅱ. ①蒋… Ⅲ. ①电子计算机－高等学校－教材 Ⅳ. ①TP3

中国版本图书馆 CIP 数据核字（2012）第 089373 号

书　　名：计算机应用基础实践教程（第二版）
作　　者：蒋加伏 主编

策　　划：杨 勇　　　　读者热线：400-668-0820
责任编辑：吴宏伟　冯彩茹
封面设计：刘 颖
责任印制：李 佳

出版发行：中国铁道出版社（100054，北京市西城区右安门西街 8 号）
网　　址：http://www.51eds.com
印　　刷：北京市昌平开拓印刷厂
版　　次：2007 年 6 月第 1 版　　2012 年 6 月第 2 版　　2014 年 8 月第 8 次印刷
开　　本：787mm×1092mm　1/16　印张：8.5　字数：197 千
印　　数：46 101～47 200 册
书　　号：ISBN 978-7-113-14656-6
定　　价：18.00 元

PREFACE 序

目前国内出版的《计算机应用基础》类教材已有多种，如何写出适应不断变化的计算机应用市场、适合新的不断变化的人才需求、符合高等院校教学要求、不同于已有同类教材、具有自身特点的《计算机应用基础》教材，是摆在《计算机应用基础》教材编写者面前的一个不能不深入思考的重大课题。本教材在此方面进行了一定的探讨。

本教材是根据教育部计算机基础课程教学指导分委员会对计算机基础教学的目标与定位、组成与分工，以及计算机基础教学的基本要求和计算机基础知识的结构所提出的“大学计算机基础”课程教学大纲并结合中学信息技术教育的现状编写而成。

与其他同类教材相比，本教材内容丰富、层次清晰、图文并茂、通俗易懂，根据高校计算机基础教学的现状，从新的视角提出了大学计算机的入门教学要求和教学设计。本教材在注重基础知识、基本原理和基本方法的同时，采用案例教学的方式培养学生的计算机应用能力，并在配套的实验指导书中进一步加强实践，以便于在教学中达到理论与实践的紧密结合，是一本比较好的《计算机应用基础》教材。

陈焕文

湖南信息职业技术学院

FORWORD

第二版前言

教学实践证明，学生计算机基础知识的掌握与计算机应用能力的培养在很大程度上有赖于实践教学。加强实战教学环节的目的是培养学生的上机动手、解决实际问题以及知识综合运用等能力。

本书是《计算机应用基础》（第二版）的配套实验指导书，分为三部分：第一部分针对配套的教材安排了12个实验，主要内容包括Windows XP操作系统、文字处理软件Word 2003、电子表格处理软件 Excel 2003、演示文稿制作软件 PowerPoint 2003、计算机网络基础、Internet 应用基础和网络信息安全，这部分内容涉及信息的获取与分析、日常事务的处理以及利用信息技术的交流等，是计算机基础教学的基本内容；第二部分是用于提高计算机综合应用能力的自测内容；第三部分是计算机等级考试基础知识训练。

本书由蒋加伏任主编，胡红宇、李平、申文耀、杨鼎强任副主编，廖斌、李文锋、文平耿、肖擎钢、刘艳松、杜飞明、高敏知、曾永和、何庆应、艾寿民、汤加佑、杨志茹、周志伟、游新娥、赵海琳、杨小毛、于训全、邱丽芳参加了编写。

由于编者水平有限，加之时间仓促，书中难免存在疏漏与不足，请读者批评指正，以便再版时修订，在此向对本书提出宝贵意见和建议的读者表示衷心的感谢。

编　者

2012年3月

第一版前言 FORWORD

本书是《计算机应用基础》的配套实验指导书。

《计算机应用基础》是高等院校基于信息技术教育水平不断提升这一背景而在近年开设的一门非计算机专业计算机公共基础课程，该课程的开设将从广度和深度上提升大学生的计算机知识结构，理论基础和实践能力都将得到进一步的加强。

本书分为三部分。第一部分针对配套的教材安排了12个实验。主要内容包括：Windows XP操作系统、文字处理软件 Word 2003、电子表格处理软件 Excel 2003、演示文稿制作软件 PowerPoint 2003、计算机网络基础、Internet应用基础、网络信息安全。各校可根据教学对象的层次和实验条件合理取舍。每个实验均以案例的方式介绍，并按零起点设计，适合自学。第二部分是提高计算机综合应用能力的自测内容。第三部分安排了计算机等级考试基础知识训练题。

本书由蒋加伏任主编，胡红宇、李平、申文耀、杨鼎强任副主编，廖斌、李文锋、文平耿、肖擎钢、刘艳松、杜飞明、高敏知、曾永和、何庆应、艾寿民、汤加佑、杨志茹、周志伟、游新娥、赵海琳、杨小毛、于训全、邱丽芳参加了编写。

由于编者水平有限，加之时间仓促，书中难免存在疏漏与不足，请读者批评指正，以便再版时修订，在此表示衷心的感谢。

编　者

2007年3月

CONTENTS 目录

第一部分　基本技能训练

第二部分 综合应用能力训练

第三部分 计算机等级考试基础知识训练

第一部分　基本技能训练

实验 1　中文 Windows XP 的基本操作

1.1　实 验 目 的

（1）熟练掌握 Windows XP 的窗口及对话框操作。

（2）熟练掌握 Windows XP 资源管理器中对文件、文件夹等的操作。

（3）掌握控制面板中部分项目的设置，如时间、输入法、显示等。

1.2　实 验 内 容

1.2.1　Windows XP 的窗口及对话框操作

1. 常用桌面图标的操作

1）我的电脑

双击桌面上“我的电脑”图标，弹出“我的电脑”窗口。该窗口包含计算机中的所有资源，即所有驱动器图标、控制面板和打印机等，可以通过该窗口对这些资源进行操作。

2）我的文档

双击桌面上“我的文档”图标，弹出“我的文档”窗口。该窗口可以为用户管理自己的文档提供方便快捷的功能。

3）回收站

双击桌面上“回收站”图标，弹出“回收站”窗口。该窗口用于暂时保存已经删除的信息。用户可以方便地从回收站恢复已经删除的文件到文件的原始目录中，也可在回收站中清除已删除的文件，将其真正地从磁盘上删除。

4）“开始”按钮

单击“开始”按钮显示“开始”菜单，可以实现启动应用程序、打开文档、完成系统设置、联机帮助、查找文件和退出系统等操作。

5）任务栏

任务栏位于屏幕的最下面，包括：

（1）快速启动栏：放置一些常用的应用程序按钮，单击某个按钮即运行相应的应用程序。

（2）任务切换栏：用于显示和切换运行中的应用程序。

（3）通知区域：在任务栏的右端，显示当前时间、文字输入方式等信息。

2. 窗口、菜单和对话框的基本操作

1）窗口操作

Windows XP 的常见窗口如图 1-1-1 所示。

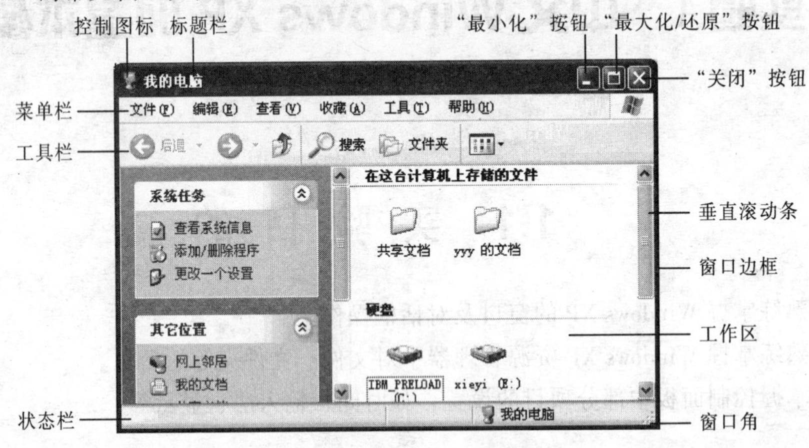

图 1-1-1　Windows XP 的常见窗口

（1）标题栏：显示窗口的名称。双击标题栏可使窗口最大化，拖动标题栏可移动整个窗口。

（2）控制图标：单击控制图标即弹出窗口的控制菜单，可实现窗口的还原、移动、大小控制、最大化、最小化和关闭等功能。

（3）“最大化/还原”、“最小化”和“关闭”按钮：单击“最小化”按钮，窗口缩小为任务栏按钮，单击任务栏上的按钮可恢复窗口显示；单击“最大化”按钮，窗口最大化，同时该按钮变为“还原”按钮，单击“还原”按钮，窗口还原成最大化前的大小，同时该按钮变为最大化按钮；单击“关闭”按钮将关闭窗口。

（4）菜单栏：提供了一系列的命令，用户通过使用这些命令可完成窗口的各种操作。

（5）工具栏：为用户操作窗口提供的一种快捷方法。工具栏上每个按钮对应一个菜单命令，单击这些按钮可完成相应的操作。

（6）滚动条：当窗口无法显示所有内容时，可使用滚动条查看窗口的其他内容。滚动条分为水平滚动条和垂直滚动条，垂直滚动条使窗口内容上下滚动，水平滚动条使窗口内容左右滚动。以垂直滚动条为例，单击滚动条向上或向下的箭头可上下滚动一行；单击滚动条可上下滚动多行；拖动滚动条可直接移动到指定的位置。

（7）窗口边框和窗口角：拖动窗口任意一个角可等比例改变窗口的大小。

2）菜单栏操作

（1）使用鼠标操作菜单：单击菜单栏中的相关菜单，显示该菜单的下拉菜单，选择要使用的命令即完成操作。

（2）使用键盘操作菜单：有 3 种方法。

① 按【Alt】键或【F10】键选定菜单栏；按左右方向键选定需要的菜单；按【Enter】键或向下方向键打开下拉菜单；使用上下方向键选定需要的命令；按【Enter】键执行命令。

② 使用菜单中带下画线的字母：按【Alt】或【F10】键选定菜单栏；按需要的菜单中带下画线的字母所对应的按键，打开下拉菜单；按需要的菜单命令中带下画线的字母所对应的按键，执行该命令。

③ 使用菜单命令的快捷键：不需要选定菜单，直接按相应命令的快捷键即可。

3）对话框操作

图 1-1-2 是“字体”对话框，对话框的大小不能改变，无最小化和最大化/还原功能，但能移动，是人机对话的窗口。对话框中常见的几个控件及操作如下：

（1）按钮：直接单击相关的按钮，则完成对应的命令。

（2）文本框：在文本框中单击，光标插入点即显示在文本框中，此时用户可输入文字、修改文本框的内容。

（3）下拉列表：单击下拉列表右边的下三角按钮，弹出一个列表框，单击需要的选项，该选项显示在正文框中，即完成操作。

（4）复选框：可多选的一组选项。单击要选定的项，则该项前面的小方框中出现“√”，表示选定了该项，再单击该项，则前面的“√”消失，表示取消该项。

（5）微调按钮：用于选定一个数值。单击正三角按钮增加数值，单击倒三角按钮减少数值。

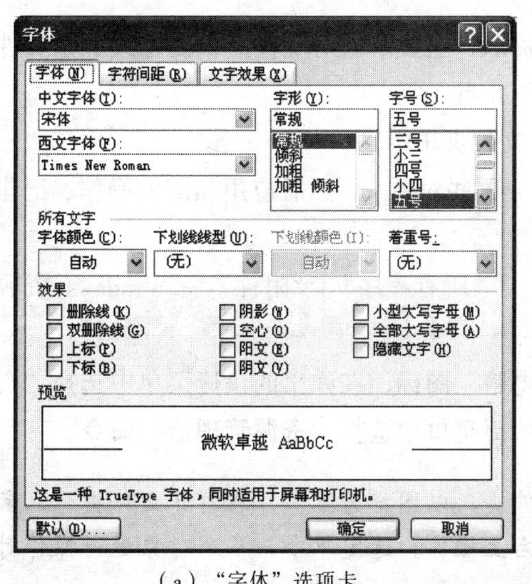

（a）“字体”选项卡

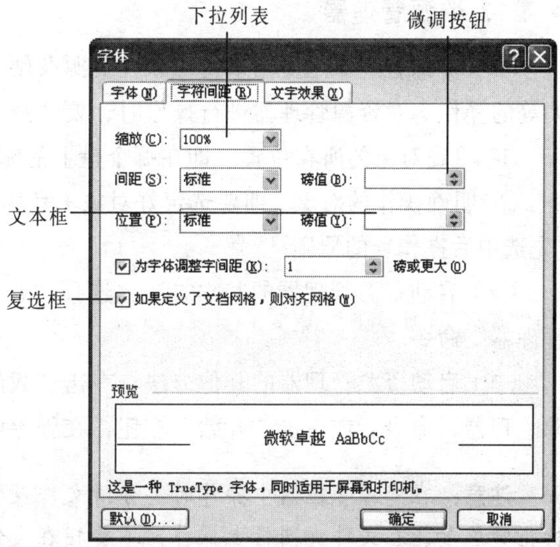

（b）“字符间距”选项卡

图 1-1-2 “字体”对话框

3. 操作实例

1）桌面常用图标的操作

（1）双击桌面上“我的电脑”图标，弹出“我的电脑”窗口。

（2）双击驱动器 C 的图标，查看磁盘 C 上的文件和文件夹。

（3）单击窗口上的“关闭”按钮，关闭“我的电脑”窗口。

（4）单击“开始”按钮，弹出“开始”菜单。

（5）选择“控制面板”命令，弹出“控制面板”窗口。

（6）单击窗口上的“关闭”按钮，关闭“控制面板”窗口。

2）窗口、菜单和对话框的操作

（1）单击“开始”按钮，弹出“开始”菜单。

（2）选择“所有程序”命令，弹出“所有程序”级联菜单。

（3）选择“附件”命令，弹出“附件”级联菜单。

（4）选择“记事本”命令，弹出“记事本”窗口。

（5）拖动窗口标题栏，使窗口移至屏幕右下方。

（6）分别拖动窗口的左边框和左上角，改变窗口的大小。

（7）双击窗口标题栏，使窗口最大化。

（8）单击“最大化”按钮使窗口恢复刚才的大小。

（9）选择“文件”菜单，弹出“文件”级联菜单。

（10）选择“页面设置”命令，弹出“页面设置”对话框。

1.2.2 资源管理器与控制面板的使用

1. 资源管理器

（1）资源管理器主要用来管理软件资源及硬件资源，主要掌握对文件（快捷方式）、文件夹等的操作。对资源管理器进行操作时，要注意以下几点：

① 明确对象的所在位置，即在哪个盘上的哪个文件夹下等。

② 明确操作的对象，即要选定好对象（是哪个或哪些对象），然后应用相应的操作，记住“先选中后操作”的原则。

（2）启动资源管理器的基本方法：选择“开始”|“所有程序”|“附件”|“Windows 资源管理器”命令。

（3）启动资源管理器的其他方法：右击“我的电脑”图标，在弹出的快捷菜单中选择“资源管理器”命令。或右击“开始”按钮，在弹出的快捷菜单中选择“资源管理器”命令。

注意：在资源管理器中操作时要分清文件及文件夹，以图标为参考。在打开文件夹时，鼠标指针尽量指在文件夹图标上操作，不要指在文件名上操作。选定单个、多个对象进行操作时详见实验 2 中的案例 5。

2．控制面板中部分项目的设置

1）时间、日期的设置

依次选择“开始”|“控制面板”命令，弹出“控制面板”窗口，双击“日期和时间 属性”图标，弹出图 1-1-3 所示的对话框，然后进行设置。

图 1-1-3　“日期和时间 属性”对话框

2）显示或隐藏任务栏上的输入法图标

依次选择“开始”|“控制面板”命令，弹出“控制面板”窗口，双击“区域和语言”图标，在弹出的“区域和语言选项”对话框中选择“语言”选项卡，单击“详细信息”按钮，弹出图 1-1-4 所示的对话框，然后单击“语言栏”按钮，弹出图 1-1-5 所示的对话框中，选中或取消“在桌面上显示语言栏”复选框，即可完成在任务栏上显示或隐藏输入法图标。

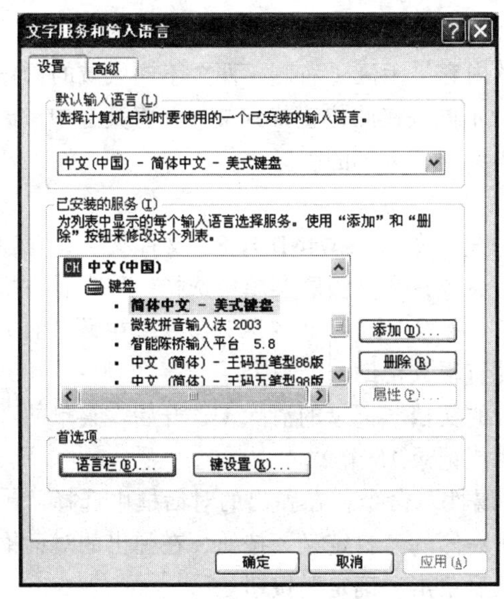

图 1-1-4　“文字服务和输入语言”对话框

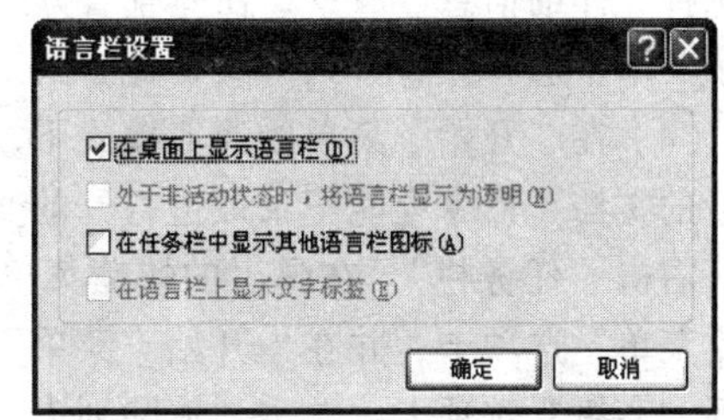

图 1-1-5　“语言栏设置”对话框

3）“显示”属性的设置

在桌面的空白处右击，在弹出的快捷菜单中选择“属性”命令，弹出“显示 属性”对话框。其设置要有以下几种：

（1）设置背景：在“桌面”选项卡中可从“背景”列表框中选择图案，或单击“浏览”按钮选择计算机中的图片文件。

（2）设置屏幕保护程序：在“屏幕保护程序”选项卡中，从“屏幕保护程序”下拉列表中选择所需的屏幕保护程序，然后可设置“等待”时间，或单击“设置”按钮进行其他设置，如图 1-1-6 所示。

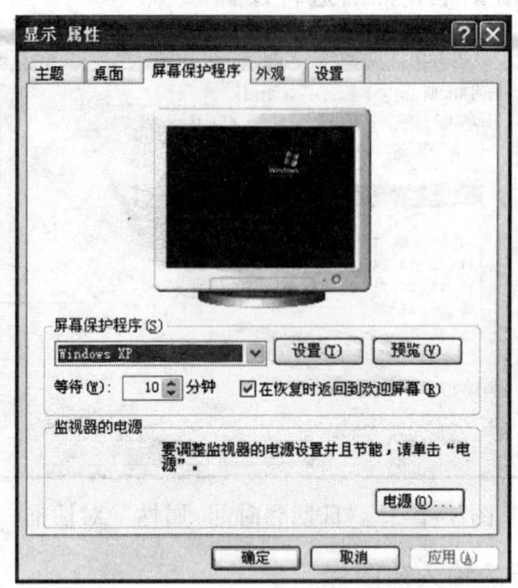

图 1-1-6 “显示 属性”对话框

1.3 验证性实验

（1）用书中介绍的方法打开资源管理器，然后将其关闭。

（2）打开资源管理器，通过目录树（左侧）及内容显示区（右侧）两个不同区域的操作打开 C:\WINDOWS 文件夹，并比较在两个区中操作的不同。在此位置找到文件并将其选中。最后在该位置练习对多个文件进行选定（连续的、不连续的、全部的）。

（3）对文件、文件夹及快捷方式的操作。

打开资源管理器之后，按题目要求到达相应位置（如“C:\WINDOWS”文件夹），在窗口的空白处右击，在弹出的快捷菜单中选择“查看”命令，在其级联菜单中选择一种查看方式。如选择“详细信息”命令，在此查看方式下，选择“查看”|“排列图标”命令，在弹出的下一级子菜单中选择一种排列方式，此方式对查找文件有很大帮助。

（4）在“开始”菜单的经典模式下，“我最近的文档”记录的清除（“开始”菜单的“我最近的文档”命令中能记录最近打开的文件，最多能记录 15 个）。

右击“任务栏”，在弹出的快捷菜单中选择“属性”命令，在弹出的对话框中选择“「开始」菜单”选项卡，并在「开始」菜单”单选按钮右侧的“自定义”按钮，在弹出的对话框中选择“高级”选项卡，单击“清除列表”按钮，然后单击“确定”按钮。

（5）安装打印机

选择“开始”|“控制面板”命令，在弹出的窗口中双击“打印机和传真”选项，在弹出的窗口中单击“添加打印机”超链接，然后按向导依次进行选择，如打印机的品牌、型号、安装的端口（一般为 LPT1）以及是否设置为默认打印机等，最后完成设置。

实验 2　Windows XP 文件管理

2.1 实 验 目 的

（1）熟悉文件和文件夹特性。

（2）掌握文件和文件夹的基本操作。

2.2 实 验 内 容

2.2.1 查看和排列文件与文件夹

1）查看文件和文件夹操作

双击桌面上的“我的电脑”图标，弹出“我的电脑”窗口，如图 1-2-1 所示。在“我的电脑”窗口中显示系统中的硬盘分区以及软盘和光驱等存储器，还有系统用户的专用文件夹。在窗口的左窗格提供了对文件和文件夹进行操作的快捷方式。

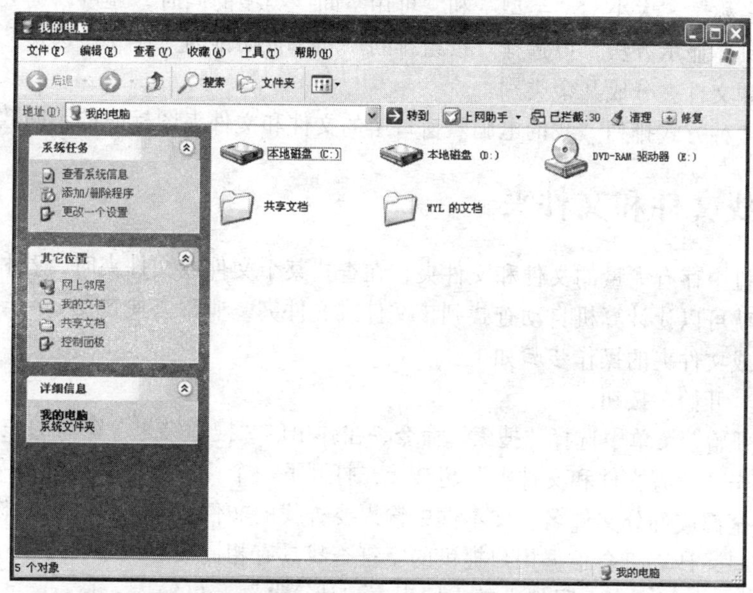

图 1-2-1　“我的电脑”窗口

Windows XP 为用户设置了很多种显示文件的方法。在“我的电脑”窗口中的空白处右击，在弹出的快捷菜单中选择“查看”命令，其级联菜单中列出了 5 种文件和文件夹的查看方式。

分别是“缩略图”、“平铺”、“图标”、“列表”和“详细信息”，如图 1-2-2 所示。

其中“缩略图”查看方式是 Windows XP 新增加的查看方式，选择这种查看方式时，用户不仅可以看到当前位置的图像文件，还可以看到文件夹内部的图像文件的缩略图。

选择“详细信息”查看方式时，将详细列出每一个文件和文件夹的具体信息，包括大小、修改日期和文件类型。

“平铺”和“列表”两种显示方式是按行和列的顺序来放置文件和文件夹的。

观察使用 5 种方式查看“我的电脑”窗口中的文件和文件夹时的不同效果。

2）排列文件和文件夹操作

在“我的电脑”窗口中的空白处右击，在弹出的快捷菜单中选择“排列图标”命令，其级联菜单中列出了排列文件和文件夹的 4 种方式，分别是按“名称”、“类型”、“大小”和“可用空间”，这对于用户查找文件是很有帮助的，如图 1-2-3 所示。

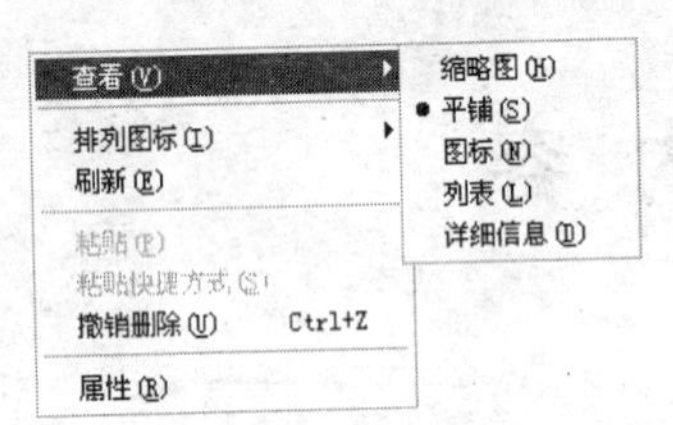

图 1-2-2　设置文件显示的方法

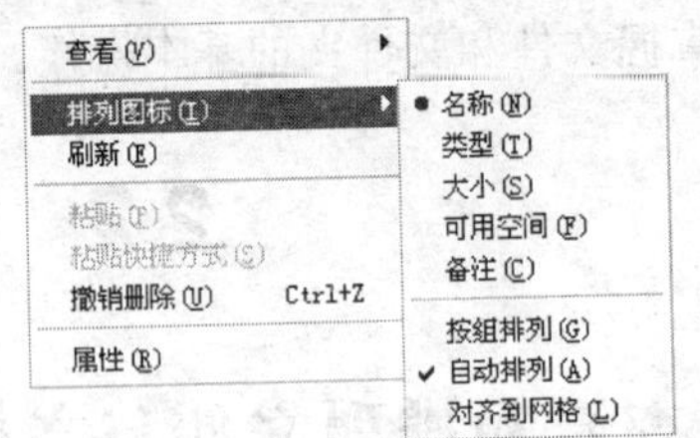

图 1-2-3　设置文件和文件夹的排列

如果用户知道要找的文件的大概名称，可选择“名称”进行排列；如果要了解各个文件占用硬盘空间的情况，可选择“大小”进行排列；要了解文件的类型，可选择“类型”排列，将根据文件的扩展名排列文件。

在选择“名称”、“大小”、“类型”和“可用空间”类型的同时，还可以更进一步选择该种排列方式下的具体显示方法，可选择“按组排列”和“自动排列”命令。选择“按组排列”命令时将把文件和文件夹分成几个类别。

观察使用 4 种方式排列“我的电脑”窗口中的文件和文件夹图标时的不同效果。

2.2.2　查找文件和文件夹

由于计算机中存有大量的文件和文件夹，在查找某个文件或文件夹时，若利用操作系统中的查找功能，就可以让计算机自动查找到该文件或文件夹，非常方便快捷。

查找文件或文件夹的操作步骤如下：

（1）单击“开始”按钮。

（2）在“开始”菜单中选择“搜索”命令，在弹出的“搜索结果”窗口的左侧“搜索助理”任务窗格中单击“所有文件和文件夹”超链接，打开下一个任务窗格，如图 1-2-4 所示。

（3）在“全部或部分文件名”文本框中输入要查找的文件或者文件夹的名称，不必输入完全相同的字符串，计算机会根据用户提供的字符查找具有相同内容的字符串。

例如，查找 Windows XP 附件中的应用程序“计算器”，可输入 calc.exe。

如果记不太清楚所要查找的文件或文件夹名，可以使用通配符?和*帮助查找。

例如，查找“计算器”，也可以输入 ca??.*。

（4）如果用户不知道文件的名称，但知道文件里面含有的字符或词组，则可以在“文件中的一个字或词组”文本框中输入含有的字符，但会在搜索过程中耗费大量的时间，因为系统将逐一查看各个文件。

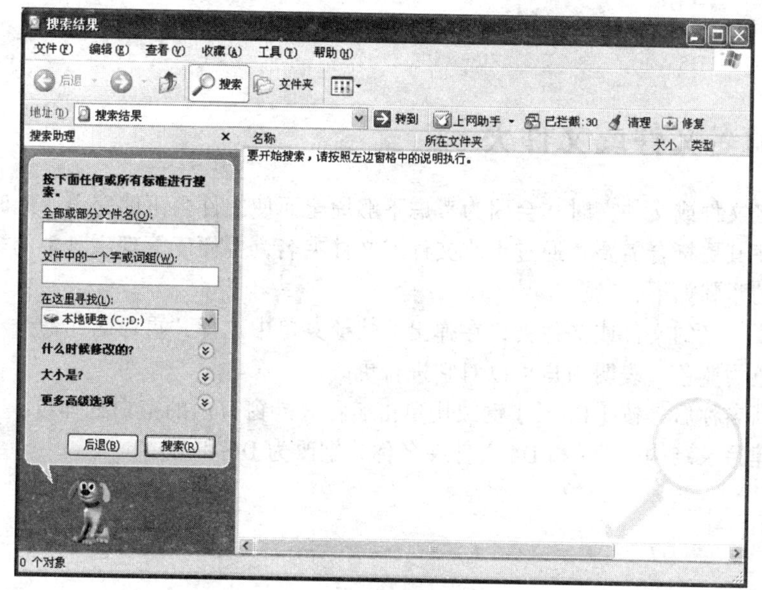

图 1-2-4 “搜索结果”窗口

（5）在“在这里寻找”下拉列表中确定文件所在的大致位置，当列表框中给出的位置不够详细时，用户可以选择列表中的“浏览”选项，在弹出的对话框中具体指定文件或文件夹所在的大致位置。

（6）可以使用“什么时候修改的”、“大小是”和“更多的高级选项”选项设置关于搜索的具体信息。

（7）单击“搜索”按钮，系统将开始搜索。

当搜索完成之后，将在窗口中列出查找出的符合搜索条件的文件和文件夹，用户再找出自己真正需要寻找的文件即可。

要求查找 Windows XP 的“计算器”应用程序所在的位置。

2.2.3　创建文件夹

创建文件夹的目的就是把相同类别的文件放在同一文件夹中，这样便于用户管理。创建文件夹的步骤如下：

（1）首先在“我的电脑”中找到要创建文件夹的位置。例如，C 盘的根目录。

（2）在窗口中右击，在弹出的快捷菜单中选择“新建”｜“文件夹”命令。

（3）即在窗口中增加了一个名字为“新建文件夹”的文件夹，此时文件夹的名称的背景颜色为蓝色，用户可以对名字进行更改。

（4）输入用户所期望的文件夹的名称，通常文件夹的名称应该表明文件夹中的文件内容，如 DIR，以便于查找。

重复上述步骤，即可建立目录“树”。

要求建立下列目录结构：

```
           ┌ D3
      ┌ D1 ┤
      │    └ D4
C:\D ─┤
      └ D2 ─ D5
```

2.2.4 重命名文件或文件夹

在初次命名文件或文件夹时，会因为考虑不够周全而使文件名不够完美，此时就可以对文件夹重命名以使其更符合需要。通过更改文件或文件夹名，更便于管理磁盘中的文件。文件或文件夹重命名的步骤如下：

（1）右击要改名的文件或文件夹，在弹出的快捷菜单中选择“重命名”命令，此时文件夹名称的背景颜色为蓝色，表明用户可以对它进行更改。

（2）输入新名称后，按【Enter】键或用单击名称之外窗口内的空白处即可。

要求把所建目录结构的D3和D4文件夹名称分别改为D6和D7。

```
           ┌ D6
      ┌ D1 ┤
      │    └ D7
C:\D ─┤
      └ D2 ─ D5
```

2.2.5 选择文件和文件夹

选择文件或文件夹是最普遍的计算机操作，常见的操作方法有以下几种：

（1）对于单个文件和文件夹，单击其名称即可。

（2）对于多个文件或文件夹，无须用鼠标逐个选择，可用以下方法：

① 选择连续的文件或文件夹，可在选择第一个文件或文件夹之后，按住【Shift】键的同时单击最后一个文件或文件夹。

② 选择非连续的多个文件或文件夹，可在选择第一个文件或文件夹后，按住【Ctrl】键的同时单击其他文件或文件夹。

③ 选择窗口中的所有文件可按【Ctrl+A】组合键。

④ 有时在整个窗口中，除了少数几个文件和文件夹不选外，其余的都要选，就可以先选择不需要选的几个文件和文件夹，然后选择“编辑”|“反向选择”命令来选择所需要选择的文件。

⑤ 另外一种选择文件以及文件夹的方法，就是直接拖动鼠标框选文件和文件夹。

（3）要放弃已选的文件或文件夹时，在已选对象之外的窗口空白处单击即可；对于非连续文件或文件夹的选择，按住【Ctrl】键的同时单击已选择的对象，即可放弃选择。

2.2.6 复制或移动文件和文件夹

对文件或文件夹的管理，复制和移动是常见的操作。复制指的是在不删除源文件或文件夹的前提下，将其复制一份放到另一目的位置；而移动文件，则是将源文件或文件夹移到另外一个目的位置，原位置不再有该文件或文件夹。

1）目的位置可见的复制或移动

可以使用拖放技术来复制或移动文件和文件夹到目的位置。

（1）打开需要复制或移动的文件或文件夹的源窗口和目标窗口，使得它们可以同时被看见；或者在同一窗口中可见的不同文件夹之间进行复制或移动。

（2）选定想要复制或移动的文件和文件夹，按住鼠标左键不放将文件和文件夹拖到目的位置，然后释放鼠标，即完成移动文件和文件夹的操作；先按住【Ctrl】键的同时单击文件或文件夹，将其拖到目的位置后释放鼠标，则完成复制文件和文件夹的操作。

注意：将文件和文件夹拖动到其他磁盘驱动器时，Windows XP 的移动操作为复制操作。

2）目的位置不可见的复制或移动

与复制和移动相对应的 3 种操作命令是“复制”、“剪切”和“粘贴”。复制文件时，需要先选择“复制”命令，再选择“粘贴”命令；移动文件时，需要先选择“剪切”命令，再选择“粘贴”命令。操作步骤如下：

（1）选择需要复制或移动的源文件和文件夹并右击。

（2）弹出快捷菜单，若要复制文件，则在快捷菜单中选择“复制”命令；若要移动文件，则在快捷菜单中选择“剪切”命令。

（3）找到需要复制或移动到的目的文件夹后右击，在弹出的快捷菜单中选择“粘贴”命令即可。

注意：与“复制”命令相对应的快捷键是【Ctrl+C】，与“剪切”相对应的快捷键是【Ctrl+X】，与“粘贴”相对应的快捷键是【Ctrl+V】。使用快捷键复制或移动文件和文件夹则更为便捷。

3）“发送到”命令的使用

复制文件和文件夹时使用“发送到”命令，可省去切换窗口和选择“复制”与“粘贴”命令的烦琐。“发送到”命令可以把复制的文件或文件夹发送到很多目的位置：可移动到磁盘、桌面、邮件接收者（E-mail 发送）或“我的文档”等。操作步骤如下：

（1）右击需要复制的文件和文件夹，在弹出的快捷菜单中选择“发送到”命令，如图 1-2-5 所示。

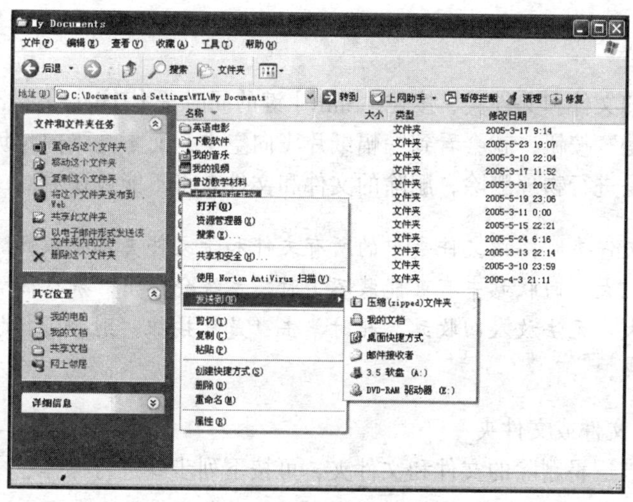

图 1-2-5　右击文件或文件夹

（2）选择需要发送的目的位置，然后执行相应的复制操作。

要求把建立的目录 D6 和 D7 移动到 D5 文件夹下；把 C 盘 WINDOWS 文件夹下 C*开头的所有文件复制到 D1、D6 和 D7 文件夹下；再把 D1 发送到“桌面快捷方式”。

```
      ┌─ D1
C:\D ─┤
      │                ┌─ D6
      └─ D2 ─ D5 ──────┤
                       └─ D7
```

2.2.7 删除与恢复文件和文件夹

1）删除文件和文件夹

删除文件和文件夹分为两种：一是逻辑删除，需要时还可以从回收站恢复被删除的文件和文件夹；另一种是物理删除，腾出磁盘空间，无法再恢复已删除的文件和文件夹。

（1）逻辑删除文件和文件夹。逻辑删除文件和文件夹有很多种方法，下面仅介绍两种常用的方法。

方法一：

① 选择要删除的文件和文件夹。

② 在选择的文件和文件夹上右击，并在弹出的快捷菜单中选择“删除”命令。

③ 弹出“确认删除”对话框，单击“是”按钮，就会看到一幅纸片飞向垃圾桶的画面。

方法二：

把需要删除的文件和文件夹直接拖到回收站，然后释放鼠标。

（2）物理删除文件和文件夹。物理删除文件和文件夹也有两种方法。

方法一：

① 先进行逻辑删除，然后双击桌面上的“回收站”图标，弹出“回收站”窗口。

② 选择要进行物理删除的文件和文件夹，选择“文件”|“删除”命令。

③ 弹出“确认文件删除”对话框，单击“是”按钮即可完成物理删除。

也可以在“回收站”窗口选择“清空回收站”命令，物理删除回收站内的所有文件和文件夹。

方法二：

选择需要删除的文件和文件夹，按住【Shift】键的同时按【Delete】键，在弹出的确认删除的对话框中单击“是”按钮，就会看到一幅纸片飞向空中，而不是飞向垃圾桶的画面。此操作应特别小心，因为是进行物理删除，删除的文件和文件夹将不能被还原。

注意：在删除文件夹时，该文件夹中的所有文件和子文件夹都将被删除。如果一次性删除的文件过多，容量过大，回收站中有可能装不下时，系统会弹出“确认删除”对话框，提示用户所删除的文件太大，无法放入回收站，此时单击“是”按钮，则会进行物理删除，将永久删除这些文件和文件夹。

2）还原删除的文件或文件夹

如果需要还原被逻辑删除的文件和文件夹，可按下列步骤进行操作：

（1）双击桌面上的“回收站”图标，弹出“回收站”窗口。

（2）选择已被删除但需还原的文件和文件夹。

（3）单击窗口左侧的“还原此项目”超链接。

执行完上述各步骤时，所选文件和文件夹即从“回收站”窗口中消失，并回到原来的位置。当然，如果要把回收站中的全部文件和文件夹还原到原来的地方，可单击“回收站”窗口左侧的“还原所有项目”超链接，被逻辑删除的文件和文件夹将全部回到原来的位置。

要求用最简便的方法逻辑删除 D6 文件夹，物理删除 D7 文件夹；然后通过回收站恢复 D6 文件夹。

```
        ┌─ D1
C:\D ───┤
        └─ D2 — D5 — D6
```

2.2.8　改变文件或文件夹的属性

1）查看文件和文件夹的属性

（1）右击要查看属性的文件或文件夹，在弹出的快捷菜单中选择“属性”命令，则会弹出该文件或文件夹的属性对话框，如图 1-2-6 所示。

（2）在属性对话框中列出了一些基本的属性，如文件或文件夹的位置、大小、修改日期、创建日期等。并可以设置文件的“只读”和“隐藏”属性。

（3）还可以设置文件或文件夹的“高级”选项。

2）隐藏文件或文件夹

（1）在需要隐藏的文件或文件夹上右击，并在弹出的快捷菜单上选择“属性”命令，在弹出的对话框中选中“隐藏”复选框，如图 1-2-7 所示。

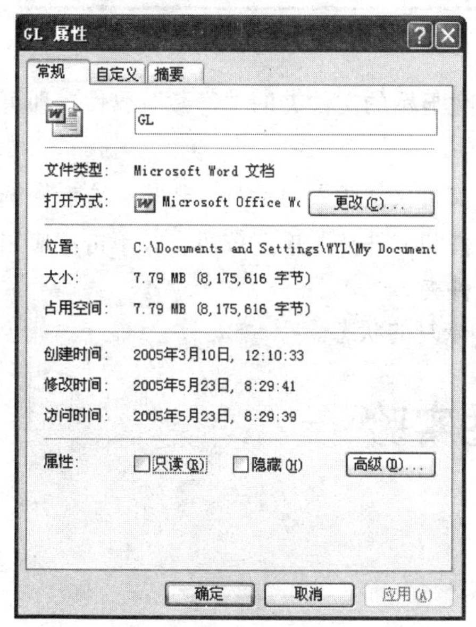

图 1-2-6　文件的属性对话框

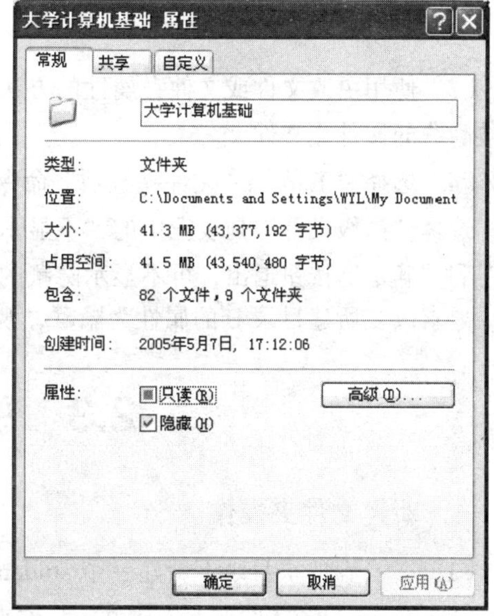

图 1-2-7　文件夹的属性对话框

（2）单击“确定”按钮，弹出“确认属性更改”对话框，如图 1-2-8 所示。选择“将更改应用于该文件夹、子文件夹和文件”单选按钮，然后单击“确定”按钮。

此时该文件夹就被隐藏起来。

3）恢复隐藏的文件或文件夹

（1）在“我的电脑”窗口中选择“工具”|“文件夹选项”命令，弹出“文件夹选项”对话框，如图1-2-9所示。

（2）选择“查看”选项卡，并在“高级设置”列表框中选择“显示所有文件和文件夹”单选按钮，如图1-2-9所示，然后单击“应用”按钮和“确定”按钮退出，即可看到被隐藏的文件夹。由于被隐藏的文件夹的属性是“隐藏”，所以该文件夹是淡化显示。

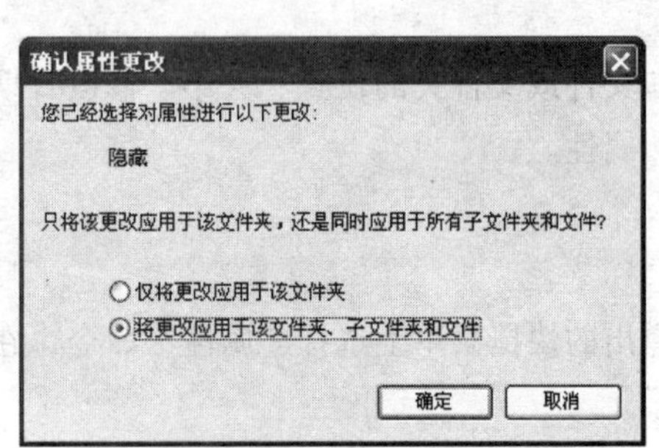

图1-2-8 “确认属性更改”对话框

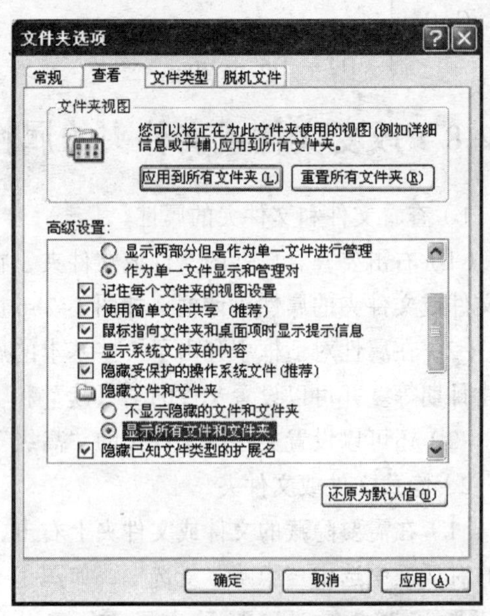

图1-2-9 “文件夹选项”对话框

（3）使用更改文件或文件夹属性的方法，取消淡化显示的文件夹的“隐藏”属性，即可恢复被隐藏的文件或文件夹。

（4）选择“工具”|“文件夹选项”命令，弹出“文件夹选项”对话框，选择“查看”选项卡，选择“高级设置”列表框中的“不显示隐藏的文件和文件夹”单选按钮，并单击“应用”按钮和“确定”按钮退出，可不显示隐藏的文件和文件夹。

要求改变所建目录D的属性为隐藏，观察隐藏和恢复的状态。

2.3 验证性实验

1. 新建文件夹操作

（1）在C盘的根目录下新建一个student文件夹。

（2）在student文件夹下创建test文件夹。

（3）在test文件夹中新建jpg文件夹。

2. 文件夹、文件、快捷方式的重命名

右击需要重命名的对象，在弹出的快捷菜单中选择“重命名”命令，输入新文件名，按【Enter】键结束。

（1）将 student 文件夹中的文件夹 test 重命名为 file。

（2）将 test 文件夹中名为 jpg 的文件中重命名为 bmp。

3. 复制或移动文件夹、文件和快捷方式

右击要复制或移动的文件、文件夹或快捷方式，在弹出的快捷菜单中选择“复制”或“剪切”命令，然后在对象要复制或移动到的目的位置右击，在弹出的快捷菜单中选择“粘贴”命令。

（1）将 C:\WINDOWS\Help 下的 access.hlp 文件复制到 student 文件夹下。

（2）在 D 盘根目录下新建 TEMP 文件夹，将 C:\WINDOWS 下的 system.ini、explorer.exe 复制到此文件夹下（即 D:\TEMP）。

（3）将 student 文件夹中的 access.hlp 文件移动到 file 文件夹下。

（4）将 file 文件夹下的 access.hlp 文件移动到桌面。

注意：

（1）一定要明确前面所讲的两个操作原则：明确操作对象的位置；先选定操作对象后操作。

（2）要分清复制和移动的异同。不同之处：复制是将文件制作一个副本；移动是将文件剪切；相同之处：两者都用“粘贴”将对象从剪贴板中取出。

（3）复制和移动的操作方法比较多，如菜单法、工具按钮法、快捷菜单法、键盘法、混合法。

4. 删除文件夹、文件和快捷方式

右击要删除的对象，在弹出快捷菜单中选择“删除”命令，弹出确认对话框，单击“是”按钮。

（1）删除 file 文件夹中的文件 access.hlp。

（2）删除桌面上的文件 access.hlp。

说明：被删除的对象移到了回收站，是逻辑删除，并未真的从硬盘中删除，仍占据硬盘的空间，且可以被还原到原处。因为回收站是从硬盘中分出来的一部分硬盘空间，专门用来存放从硬盘中删除的对象，便于因误删除而恢复对象。“回收站”就像生活中的“垃圾筒”，要真正把这些对象从硬盘中清除，则必须从回收站中清空。

（3）对以上删除的 access.hlp 文件进行还原，清空回收站中的内容。

5. 文件和文件夹的属性设置

右击对象，在弹出的快捷菜单中选择“属性”命令，从“常规”选项卡的“属性”选项区中选择或取消要设置的属性（只读、隐藏等），如图 1-2-10 所示。

（1）将 student 文件夹下的 access.hlp 文件设置为存档、只读。

（2）利用 Windows XP 的记事本创建一个文件“概述.txt”，保存在 student 文件夹下，文件内容为“办公自动化实验教程”，并设置该文件仅有只读属性。

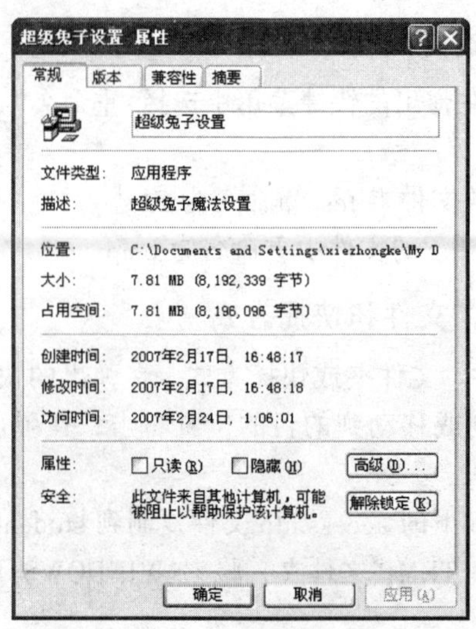

图 1-2-10　文件属性设置

6. 创建快捷方式

在要建立快捷方式的位置右击，在弹出的快捷菜单中选择“新建”|“快捷方式”命令，弹出“创建快捷方式”对话框。

（1）如果是为文件创建快捷方式，则单击“浏览”按钮到相应的位置选择此文件。

（2）如果指向的是某个具体位置（某个盘或某文件夹），则应直接在文本框中输入相应的带根目录的盘符（如 C:\）或包含此文件夹的地址（C:\WINDOWS），完成后，单击“下一步”按钮，按要求输入快捷方式名称即可完成。

说明：快捷方式是一个以.lnk 为扩展名的文件，快捷方式的实质是一个指向，可以指向一个文件或一个具体位置（盘或文件夹），就像一个“路标”。快捷方式不代表指向的对象本身，删除某个快捷方式，并不会删除其指向的对象本身。

在“开始”|“所有程序”菜单中添加 C:\WINDOWS\notepad.exe 应用程序的快捷方式，并命名为“记事本”。

操作如下：

（1）右击“开始”按钮，在弹出的快捷菜单中选择“资源管理器”命令，在弹出的窗口中，从左侧目录树中展开“「开始」菜单”文件夹下的“程序”文件夹。

（2）右击“我的电脑”图标，在弹出的快捷菜单中选择“资源管理器”命令，在弹出的窗口中找到 C:\WINDOWS\notepad.exe 文件；将 notepad.exe 拖到“程序”窗口中，即创建了该程序的快捷方式。

7. 查找文件或文件夹

打开“我的电脑”窗口，单击“搜索”按钮，再单击“所有文件或文件夹”超链接，按要求输入要查找的文件名或文件夹名等，可在“在这里寻找”下拉列表中选择搜索的范围，然后单击“搜索”按钮，如图 1-2-11 所示。若找到则在右窗格中列出，并在状态栏中显示找到的文件数。

（1）在 C 盘中查找 system.ini 文件，将其复制到 student 文件夹下，并重命名为“系统配置.ini”。

（2）在 C:\WINDOWS 中查找 Help 的文件夹，并将其复制到 student 文件夹中。

（3）查找文件名中含有.exe 的文件，并将找到的文件容量最小的第一个文件复制到 student 文件夹中。

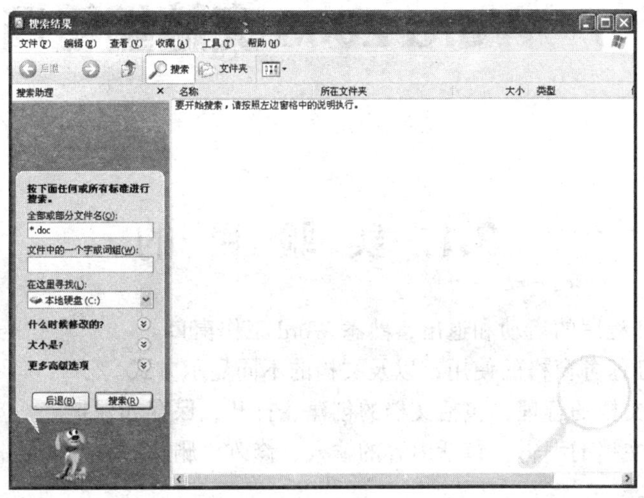

图 1-2-11　“搜索结果”窗口

（4）查找 C 盘中所有.exe 类型的文件，将查找的文件数记录在 exeFiles.txt 文件中，并将该文件保存在 student 文件夹中。

（5）查找 C 盘 WINDOWS 文件夹（不含其子文件夹）中首字母为 S 的所有.ini 类型的文件，将其全部复制到 student 文件夹中。

选择“开始”|“搜索”命令，在弹出的窗口中单击“所有文件或文件夹”超链接，然后在“全部或部分文件名”文本框中输入 S*.ini，在“在这里寻找”下拉列表中选择“浏览”选项，在弹出的对话框中找到 C:\WINDOWS 文件夹，单击“搜索”按钮进行查找，如图 1-2-12 所示。然后将搜索结果中的所有文件选中并右击，在弹出的快捷菜单中选择“复制”命令，再定位到 C:\student 并右击，在弹出的快捷菜单中选择“粘贴”命令即可。

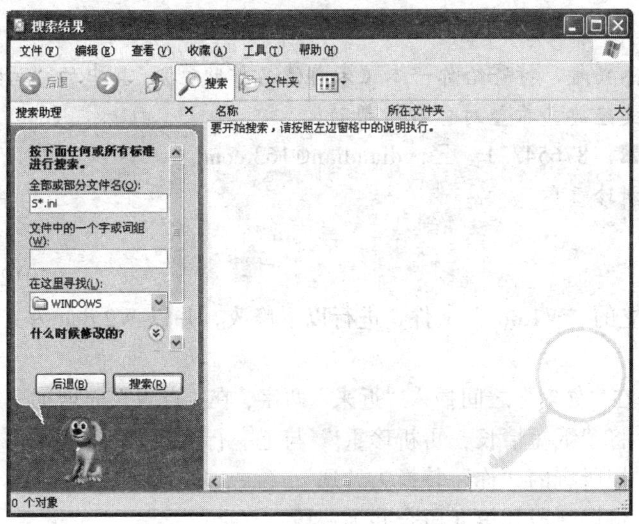

图 1-2-12　“搜索结果”对话框

实验 3　Word 2003 文档编辑与排版

3.1 实 验 目 的

(1) 掌握 Word 程序的启动和退出，熟悉 Word 工作窗口。

(2) 掌握 Word 任务窗格的使用，以及文档的不同显示方式。

(3) 熟练掌握文档的管理，包括文档的创建、打开、保存和保护。

(4) 熟练掌握文档的编辑，包括内容的输入、修改、删除、移动、复制、查找和替换、英文校对等编辑操作。

(5) 熟练掌握文档的排版，包括字符排版、段落排版和页面排版。

3.2 实 验 内 容

3.2.1　一封信

操作步骤如下：

(1) 建立一个空白文档，输入以下内容（要求日期设置为自动更新），并以 W1.doc 为文件名保存在 D 盘中，然后关闭该文档。

嘉嘉：你好！

听说你对文学感兴趣，特寄给你一本《朱自清名作欣赏》，其中的“荷塘月色”、“春”、“匆匆”等文章都是散文经典。希望对你有所帮助！

有空常联系。☎：87654321；🖃：diandian@163.com。

纸短情长，再祈珍重！

点点

2012 年 3 月 31 日晚🕘

(2) 打开所建立的“W1.doc”文件，进行以下修改，并以 W2.doc 为文件名保存在 D 盘中，然后关闭该文档。

① 插入文字：在“你对”之间插入“近来”两字，在“点点”前增加一行 Best wishes to you!

② 移动文字：将“纸短情长，再祈珍重!”与上一行互换。

③ 替换文字：把所有的“你”替换为“您”。

④ 合并段落：将第 3 段和第 4 段合并为一段。

⑤ 拼写和语法：检查英文单词拼写，如果存在错误，将其改正。

⑥ 将最后一段删除，再将其恢复。

⑦ 分别以普通、Web 版式、页面、大纲、阅读版式、文档结构图、打印预览等不同视图方式显示文档，观察各个视图的显示特点。

修改结果如下：

嘉嘉：您好！

听说您近来对文学感兴趣，特寄给您一本《朱自清名作欣赏》，其中的“荷塘月色”、“春”“匆匆”等文章都是散文经典。希望对您有所帮助！

纸短情长，再祈珍重！有空常联系。☎：6754321；🖃：diandian@163.com。

Best wishes to you!

点点

2011 年 6 月 12 日晚🕘

（3）新建文档，设置自动保存时间间隔为 10 分钟，插入文档 W2.doc 的内容，并在文本的最前面插入标题“一封信”。根据 Word 提供的字数统计功能，记录以下数据：

字数________　　　　字符数（不计空格）________　　　　段落数________

将修改后的文件以 W3.doc 为文件名进行保存，并设置文档的打开密码为 AAA，修改密码为 BBB。

（4）打开文件 W3.doc，将其另存为纯文本文件 W3.txt。

操作提示如下：

（1）启动 Word 程序，输入文档内容。输入文字一般在插入式修改状态下进行（可通过双击状态栏的“改写”区域或按【Insert】键来切换插入式和修订式修改两种状态）。需要增加新段落时，按【Enter】键。

输入『、』符号的具体方法是右击输入法状态条的“软键盘”，在弹出图 1-3-1 所示的快捷菜单中选择“标点符号”命令，从弹出的软键盘界面进行选择，关闭软键盘时，单击“软键盘”位置即可。

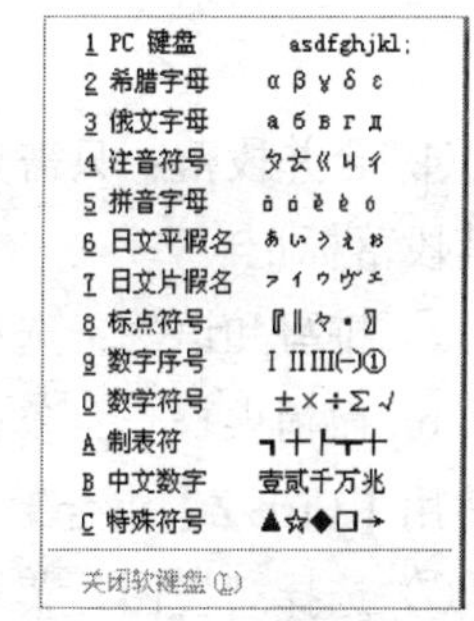

图 1-3-1　软键盘菜单选项

☎、🖃、🕘等符号的插入方法是选择“插入”|“符号”命令，弹出“符号”对话框，在“符号”选项卡的“字体”下拉列表框中选择 Wingdings，如图 1-3-2 所示，选择相应字符后单击“插入”按钮即可。

日期插入方法：选择“插入”|“日期和时间”命令，弹出“日期和时间”对话框，在“可用格式”列表框中选择需要的格式，根据本例要求，应选中“自动更新”复选框，如图 1-3-3 所示。

（2）另存为操作：选择“文件”|“另存为”命令，弹出“另存为”对话框，设置保存位置、输入文件名。

① 插入文字：将光标定位至插入点，输入相应内容，按【Enter】键实现空行的插入。

② 移动文字：最简单的方法是选中需要移动的对象，用鼠标拖曳的方式直接将对象移动到目标位置，也可以通过“剪切”和“粘贴”命令移动文字。

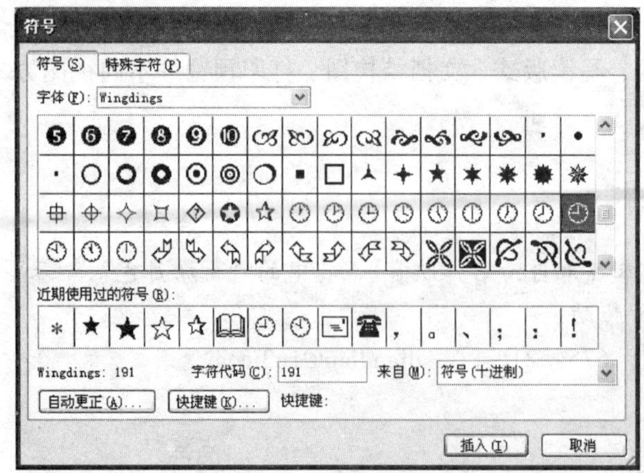

图 1–3–2　插入特殊符号

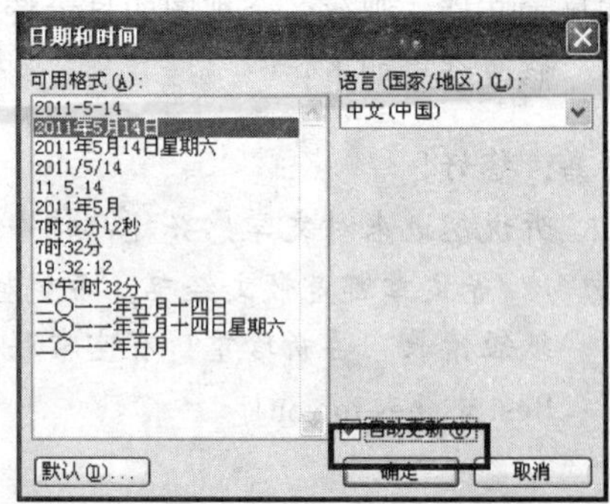

图 1–3–3　插入可自动更新的日期和时间

③ 替换文字：选择“编辑”|“替换”命令，在“查找和替换”对话框中输入相应内容，如图 1–3–4 所示，单击“全部替换”按钮。

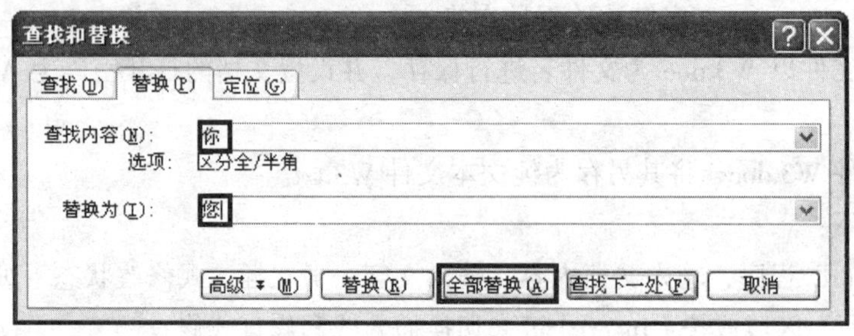

图 1–3–4　“查找和替换”对话框

④ 合并段落：只需要将光标定位在前面一段（第 3 段）的段落标记处，按【Delete】键删除其段落标记。

⑤ 拼写和语法：选择“工具”|“拼写和语法”命令。

⑥ 撤销误操作：单击“常用”工具栏中的工具，或选择“编辑”|“撤销”命令，也可以使用【Ctrl+Z】组合键。

⑦ 选择“视图”菜单中相应的命令，实现不同视图的显示方式。

（3）设置自动保存时间间隔：选择“工具”|“选项”命令，弹出“选项”对话框，在“保存”选项卡中进行设置，如图 1–3–5 所示。

① 字数和段落数的统计：选择“工具”|“字数统计”命令。

② 设置文件的打开和修改密码有两种方法：一是选择“工具”|“选项”命令，在弹出的“选项”对话框中选择“安全性”选项卡；二是在“保存”对话框中选择右上角的“工具”|“安全措施选项”命令，在弹出对话框的“安全性”选项卡中进行设置，如图 1–3–6 所示。

（4）若使文件的主文件名、扩展名、保存位置三要素中任何一个发生改变时，必须选择“文件”|“另存为”命令，弹出“另存为”对话框，本例要求更改扩展名，因此需要在此对话框的“保存类型”下拉列表中选择“纯文本（*.txt）”。

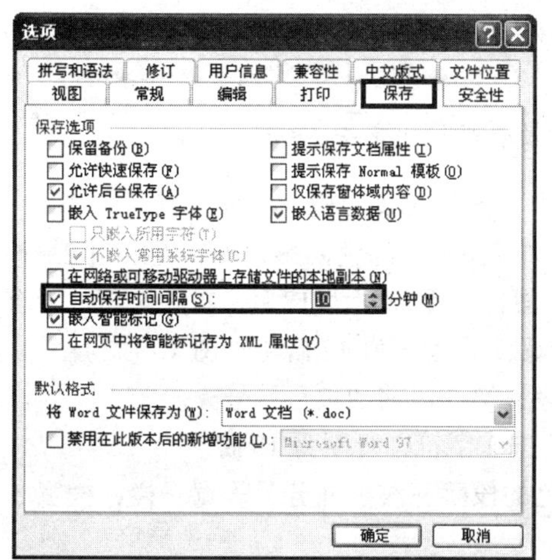

图 1-3-5　设置自动保存时间间隔

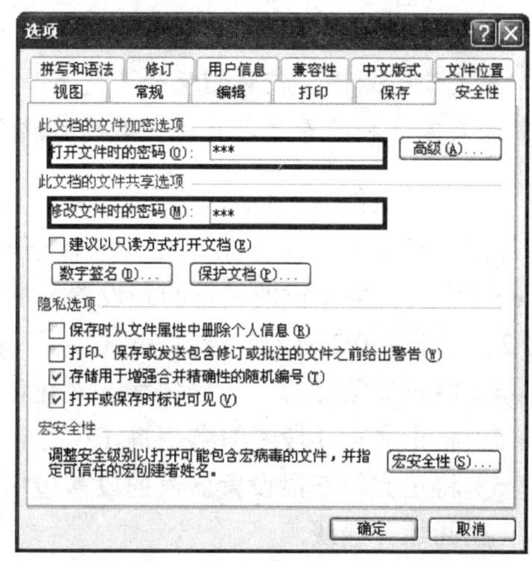

图 1-3-6　设置文件的打开和修改密码

3.2.2　美文排版

操作步骤如下：

（1）建立一个空白文档，输入以下文字，并以 W4.doc 为文件名保存在 D 盘内。文字内容也可以提前输入保存或由教师提供，以便有更充足的时间进行排版练习。

春

盼望着，盼望着，东风来了，春天的脚步近了。

一切都像刚睡醒的样子，欣欣然张开了眼。山朗润起来了，水涨起来了，太阳的脸红起来了。

小草偷偷地从土里钻出来，嫩嫩的，绿绿的。园子里，田野里，瞧去，一大片一大片满是的。坐着，躺着，打两个滚，踢几脚球，赛几趟跑，捉几回迷藏。风轻悄悄的，草软绵绵的。

桃树、杏树、梨树，你不让我，我不让你，都开满了花赶趟儿。红的像火，粉的像霞，白的像雪。花里带着甜味，闭了眼，树上仿佛已经满是桃儿、杏儿、梨儿！花下成千成百的蜜蜂嗡嗡地闹着，大小的蝴蝶飞来飞去。野花遍地是：杂样儿，有名字的，没名字的，散在草丛里，像眼睛，像星星，还眨呀眨的。

“吹面不寒杨柳风”，不错的，像母亲的手抚摸着你。风里带来些新翻的泥土的气息，混着青草味，还有各种花的香，都在微微润湿的空气里酝酿。鸟儿将窠巢安在繁花嫩叶当中，高兴起来了，呼朋引伴地卖弄清脆的喉咙，唱出宛转的曲子，与轻风流水应和着。牛背上牧童的短笛，这时候也成天嘹亮地响。

雨是最寻常的，一下就是三两天。可别恼。看，像牛毛，像花针，像细丝，密密地斜织着，人家屋顶上全笼着一层薄烟。树叶子却绿得发亮，小草也青得逼你的眼。傍晚时候，上灯了，一点点黄晕的光，烘托出一片安静而和平的夜。在乡下，小路上，石桥边，撑起伞慢慢走着的人；还有地里工作的农夫，披着蓑，戴着笠的。他们的房屋，稀稀疏疏的，在雨里静默着。

天上风筝渐渐多了，地上孩子也多了。城里乡下，家家户户，老老小小，也赶趟儿似的，一个个都出来了。舒活舒活筋骨，抖擞抖擞精神，各做各的一份事去。“一年之计在于春”，刚起头儿，有的是工夫，有的是希望。

春天像刚落地的娃娃，从头到脚都是新的，它生长着。

春天像小姑娘，花枝招展的，笑着，走着。

春天像健壮的青年，有铁一般的胳膊和腰脚，领着我们上前去。

（2）打开文件 W4.doc，将标题“春”设置为居中、楷体_GB 2312、三号、蓝色、空心、加粗，加圈（见图 1-3-7），并添加黄色段落底纹，为文字添加青绿色阴影边框，框线粗 2.5 磅。

（3）将正文第 1 段的字符间距设置为加宽 3 磅，段前间距设置为 18 磅，首字下沉，下沉行数为 2、距正文 0.2 厘米，给第一个“盼”字加拼音标注，大小为 12 磅（见图 1-3-7）。

（4）将正文第 2 段改为繁体字，并在正文第 2 段、第 3 段前加项目符号★。

（5）将正文第 4 段左右各缩进 1.6 厘米，悬挂缩进 2 字符，行距为 18 磅。

（6）将正文第 5 段设置蓝色的段落边框、鲜绿色的段落底纹，并分为等宽三栏，栏宽 3.45 厘米，栏间加分隔线。

（7）利用查找功能，找到正文中的第 1 个“春天”词组，将其设置为小四号、加粗、绿色、阳文，添加浅黄色底纹，并利用“格式刷”工具将正文中所有的“春天”修改为以上格式。

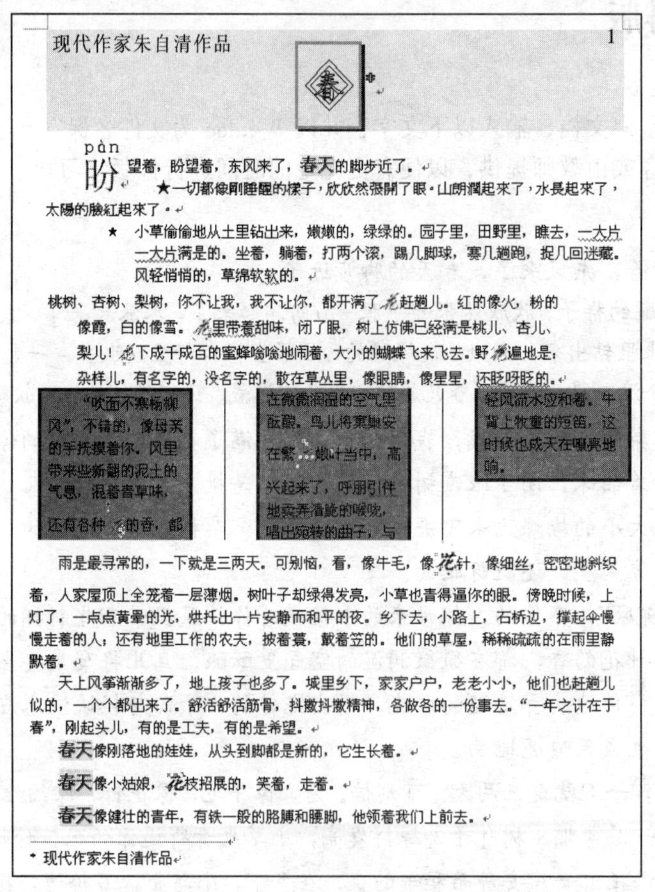

现代作家朱自清作品　1

春

pàn
盼望着，盼望着，东风来了，春天的脚步近了。

★一切都像剛睡醒的樣子，欣欣然張開了眼。山朗潤起來了，水長起來了，太陽的臉紅起來了。

★ 小草偷偷地从土里钻出来，嫩嫩的，绿绿的。园子里，田野里，瞧去，一大片一大片满是的。坐着，躺着，打两个滚，踢几脚球，赛几趟跑，捉几回迷藏。风轻悄悄的，草绵软软的。

桃树、杏树、梨树，你不让我，我不让你，都开满了花赶趟儿。红的像火，粉的像霞，白的像雪。花里带着甜味，闭了眼，树上仿佛已经满是桃儿、杏儿、梨儿！花下成千成百的蜜蜂嗡嗡地闹着，大小的蝴蝶飞来飞去。野花遍地是：杂样儿，有名字的，没名字的，散在草丛里，像眼睛，像星星，还眨呀眨的。

“吹面不寒杨柳风”，不错的，像母亲的手抚摸着你。风里带来些新翻的泥土的气息，混着青草味，还有各种花的香，都在微微润湿的空气里酝酿。鸟儿将窠巢安在繁花嫩叶当中，高兴起来了，呼朋引伴地卖弄清脆的喉咙，唱出宛转的曲子，与轻风流水应和着。牛背上牧童的短笛，这时候也成天在嘹亮地响。

雨是最寻常的，一下就是三两天。可别恼，看，像牛毛，像花针，像细丝，密密地斜织着，人家屋顶上全笼着一层薄烟。树叶子却绿得发亮，小草也青得逼你的眼。傍晚时候，上灯了，一点点黄晕的光，烘托出一片安静而和平的夜。乡下去，小路上，石桥边，撑起伞慢慢走着的人；还有地里工作的农夫，披着蓑，戴着笠的。他们的草屋，稀稀疏疏的在雨里静默着。

天上风筝渐渐多了，地上孩子也多了。城里乡下，家家户户，老老小小，他们也赶趟儿似的，一个个都出来了。舒活舒活筋骨，抖擞抖擞精神，各做各的一份事去。“一年之计在于春”，刚起头儿，有的是工夫，有的是希望。

春天像刚落地的娃娃，从头到脚都是新的，它生长着。

春天像小姑娘，花枝招展的，笑着，走着。

春天像健壮的青年，有铁一般的胳膊和腰脚，他领着我们上前去。

* 现代作家朱自清作品

图 1-3-7　文档排版后效果

（8）利用替换功能，将正文中所有的“花”字设置为华文行楷、四号、倾斜、红色、礼花绽放的动态效果。

（9）将文档页面的纸张大小设置为“A4（21×29.7 厘米）”，左右页边距为 3 厘米，上下页边距为 2 厘米。

（10）在文档的页面顶端（页眉）右侧插入页码，并将初始页码设置为全角字符的 1 。

（11）设置页眉，添加页眉内容“朱自清名作欣赏”，对齐方式为左对齐。

（12）为标题“春”插入尾注内容“现代作家朱自清作品”，尾注引用标记格式为*。

（13）分别以页面、大纲、普通、Web 版式、阅读版式、文档结构图等不同的视图显示方式显示文档，观察各种视图显示的特点。

（14）将文档“打印预览”后以文件名“W5.doc”存储在 D 盘中。排版后效果如图 1-3-7 所示。

操作提示如下：

（1）启动 Word 程序，自动打开一个空白文档，输入文字。

（2）选择“格式”|“中文版式”|“带圈字符”命令，对选中的文字加圈（一般需要选择“增大圈号”）

添加拼音标注的方法：选择“格式”|“中文版式”|“拼音指南”命令。

利用“常用”工具栏中的“中文简繁转换”可进行中文简体和繁体的相互转换。

（3）“黄色段落底纹，为文字添加青绿色阴影边框”中的“段落”、“文字”指的是格式应用范围，如图 1-3-8 所示。

选择“格式”|“字体”命令可设置字符间距；设置段前段后间距可选择“格式”|“段落”命令。

“首字下沉”可通过“格式”|“首字下沉”命令进行设置。

（4）设置项目符号时，可选择“格式”|“项目符号和编号”命令，但因★是自定义符号，所以需要在“项目符号和编号”对话框的“项目符号”选项卡中任选某一类型项目符号后，再单击“自定义”按钮，在弹出的“自定义项目符号列表”对话框中单击“字符”按钮，在弹出的“符号”对话框中的“字体”下拉列表框中选择 Wingdings，如图 1-3-9 所示。

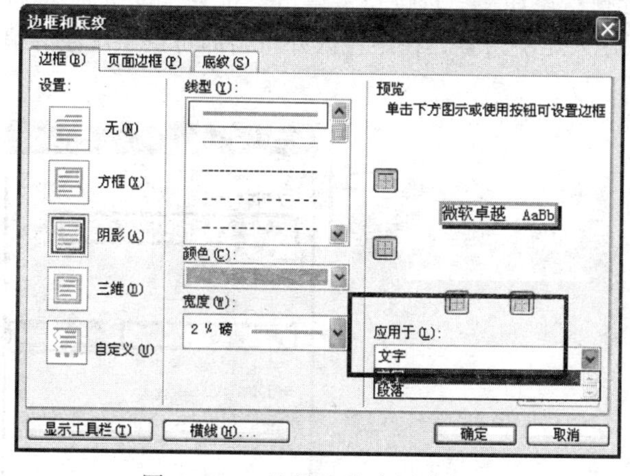

图 1-3-8　选择格式应用范围

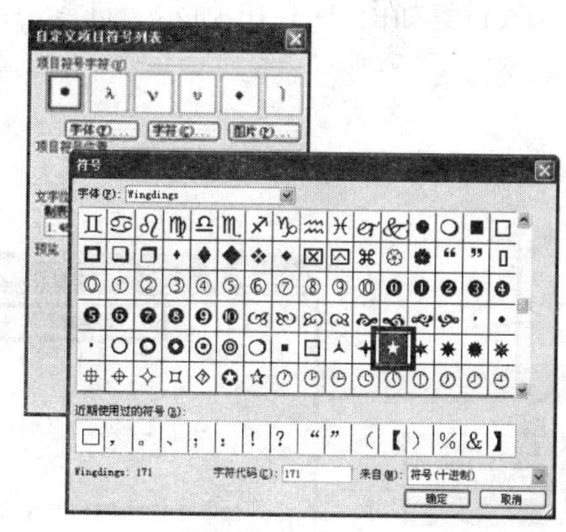

图 1-3-9　设置自定义项目符号

（5）选择“格式”|“段落”命令设置缩进和行距。

（6）选择“格式”|“分栏”命令设置分栏操作，但分栏效果只在“页面视图”方式下才能正常显示。

（7）查找操作：选择“编辑”|“查找”命令，在“查找和替换”对话框的“查找”选项卡

中输入查找内容“春天”，选中“突出显示所有在该范围找到的项目”复选框，再单击“查找全部”按钮，如图 1-3-10 所示。使用格式刷时，若要进行格式的多次复制，则应事先双击格式刷工具 。

（8）通过替换操作可将正文中某段内容进行一次性格式化，与操作（7）类似，在“查找内容”和“替换为”文本框中均输入内容“花”，再将光标定位到“替换为”文本框，单击“高级”按钮，在“格式”按钮的下拉列表中选择“字体”命令，按要求设置后返回，如图 1-3-11 所示。

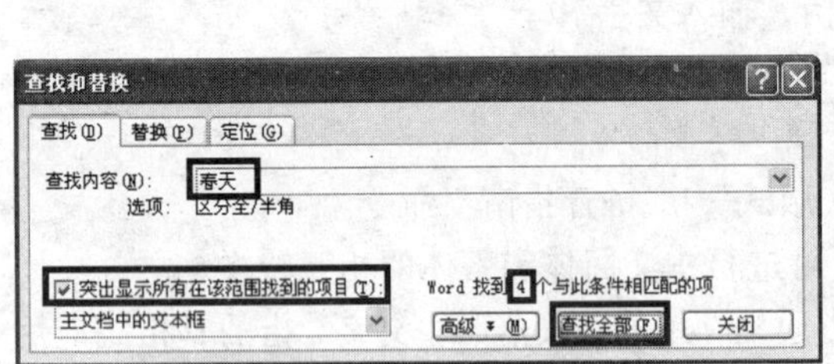

图 1-3-10　设置查找内容

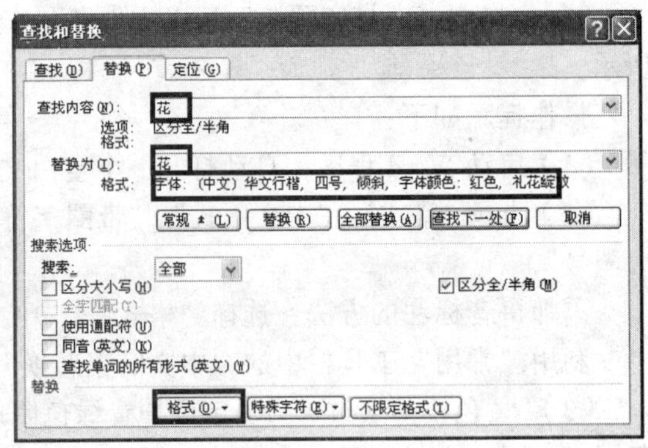

图 1-3-11　设置替换的内容和格式

（9）选择“文件”|“页面设置”命令设置纸张大小和页边距等。

（10）选择“插入”|“页码”命令，实现页码插入，在弹出的“页码”对话框中进行相应设置。单击“格式”按钮，在“页码格式”对话框中设置初始页码及其格式，如图 1-3-12 所示。

（11）选择“视图”|“页眉和页脚”命令设置页眉页脚。

（12）设置尾注时，将光标置于标题“春”字之后，选择“插入”|“引用”|“脚注和尾注”命令，在弹出的“脚注和尾注”对话框中选择“尾注”单选按钮，单击“符号”按钮插入*符号，其设置如图 1-3-13 所示。进入尾注区输入尾注内容，在尾注区外单击即可退出尾注的编辑状态。

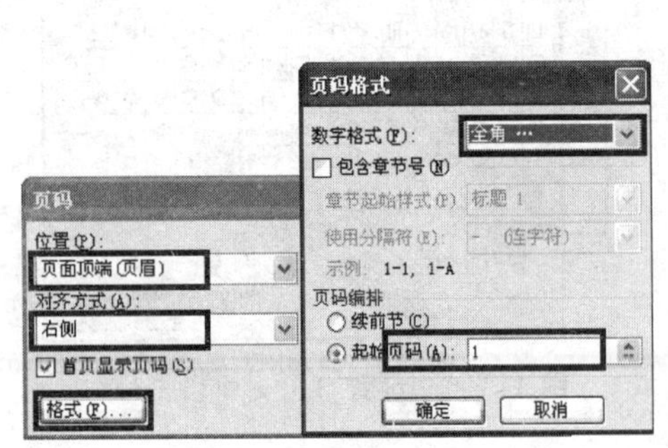

图 1-3-12　插入页码

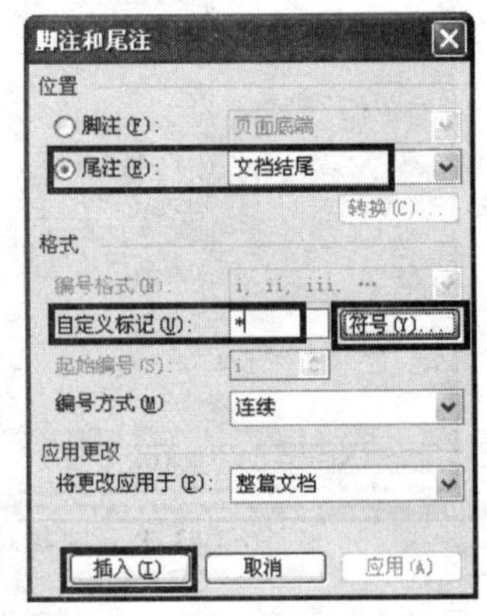

图 1-3-13　插入尾注

（13）选择“视图”菜单中的相应命令，显示文档的不同视图方式。

（14）选择“文件”|“打印预览”命令，即可预览打印后的效果。

3.3 设计性实验

输入自己喜欢的文字内容，根据个人审美观和爱好将其进行个性化排版，尽量用到学过的文档编辑和排版知识，以巩固所学内容。

实验 4 Word 2003 图形与表格处理

4.1 实 验 目 的

（1）掌握自选图形、艺术字、文本框的插入与编辑。

（2）熟练掌握图片和文字混合排版的方法。

（3）熟练掌握表格的插入、编辑和格式化。

（4）掌握表格中公式的使用和表格排序。

4.2 实 验 内 容

4.2.1 图形处理

打开文件 W4.doc，将前 5 段正文复制到一个新文件中，操作要求如下：

（1）在第 1 段前插入艺术字“美丽的春天”，字体为“华文彩云”、32 磅，选择第 3 行第 4 列的样式，艺术字形状为“波形 2”；将各段段后设置为一行。

（2）插入“蝴蝶”剪贴画，文件名为 J0123321.wmf，将其缩小至原图的 20%，环绕方式为“紧密型环绕”。

（3）插入竖排文本框，阴影样式为“阴影样式 6”。

（4）利用自选图形绘制流程图，将其组合后填充为“淡蓝”色。

（5）在文末输入公式 $F(y)=\int_{y}^{y^2} \mathrm{e}^{-x^2 y}\mathrm{d}x+\prod_{y=1}^{100} y^2+\sqrt{\frac{y+1}{y-1}+1}$。

（6）操作完成后以 W5.doc 为文件名保存在 D 盘中，效果如图 1-4-1 所示。

操作提示如下：

（1）插入艺术字的方法有两种：一是单击“绘图”工具栏中的工具，二是选择“插入”|“图片”|“艺术字”命令。艺术字形状的设置在插入艺术字后再进行：选中对象后，在出现的“艺术字”工具栏中单击“艺术字形状”按钮，在弹出的列表中选择“波形 2”，如图 1-4-2 所示。

（2）剪贴画的插入。选择“插入”|“图片”|“剪贴画”命令，在“剪贴画”任务窗格的“搜索文字”文本框中输入 J0123321 后单击“搜索”按钮（因该图为 Office 网上剪辑，所以应在联

网环境下操作），即显示出需要的图片，如图 1-4-3 所示。

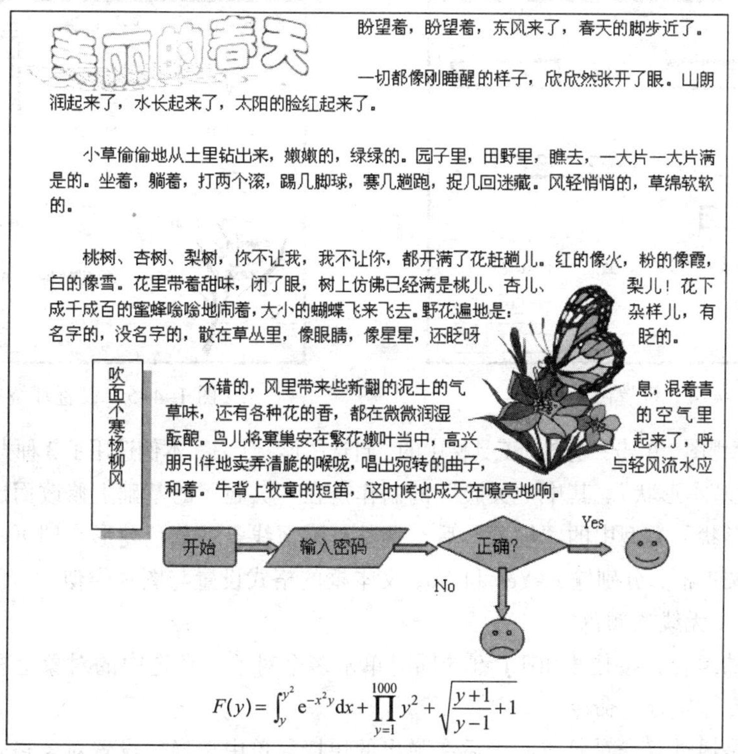

图 1-4-1　处理后的效果图

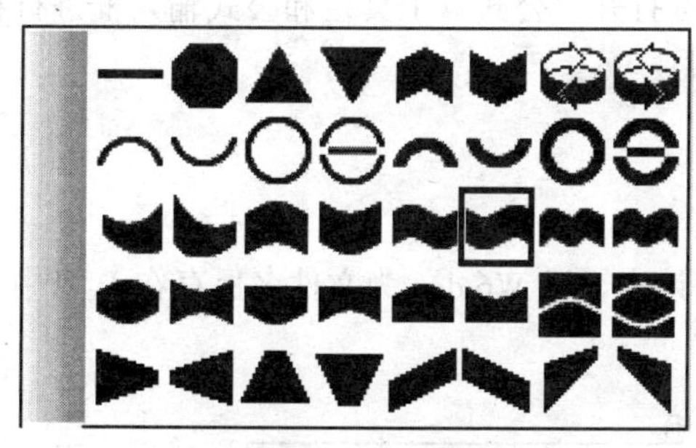

图 1-4-2　艺术字形状

图 1-4-3　搜索图片

调整插入剪贴画的大小，可以在图片上双击，或右击图片后在弹出的快捷菜单中选择“设置图片格式”命令，在弹出对话框的“大小”选项卡中进行相应设置，如图 1-4-4 所示。设置剪贴画和文字的环绕方式可在其对话框的“版式”选项卡中完成，如图 1-4-5 所示。也可通过“图片”工具栏的文字环绕工具进行设置。

（3）插入竖排文本框。可以先选定操作对象“吹面不寒杨柳风”，然后单击“绘图”工具栏中的“竖排文本框”按钮，适当调整大小并移动位置。

选中文本框，单击“绘图”工具栏中的“阴影样式”按钮，选择“阴影样式 6”，可设置阴影。

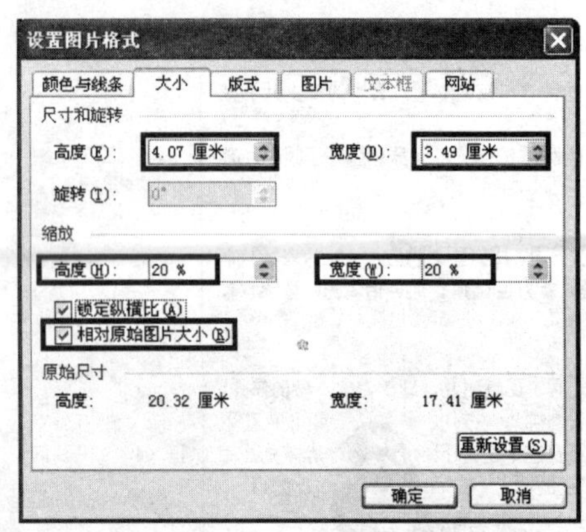

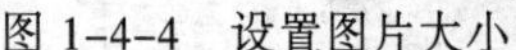
图 1-4-4　设置图片大小

图 1-4-5　设置环绕方式

（4）绘制流程图。单击“绘图”工具栏中的“自选图形”工具，本例选用了 3 种类型：“流程图”、“箭头总汇”、“基本形状”。其中“哭脸”的制作是在“笑脸”的基础上修改而成的：在插入自选图形“基本形状”类型中的“笑脸”后，调整其嘴部线条处黄色菱形点即可。

插入两个文本框，分别输入 Yes 和 No，文本框的格式设置与图片类似，本例应将文本框的“线条”设置为“无线条颜色”。

多个对象的组合：按住【Ctrl】键的同时单击多个对象，在选中的对象上右击，在弹出的快捷菜单中选择“组合”命令。

填充颜色是通过双击对象或右击后在弹出的快捷菜单中选择“设置对象格式”命令，在弹出对话框的“颜色和线条”选项卡中进行设置。

（5）选择“插入”|“对象”命令，弹出“对象”对话框，在“新建”选项卡中选择“Microsoft 公式 3.0”选项，单击“确定”按钮，即可打开“公式”工具栏和公式输入框进行相应公式的输入与编辑。

4.2.2　表格制作

建立图 1-4-6 所示的各种牛奶销售统计表，以 W6.doc 为文件名保存在 D 盘中，并进行下列操作：

各种牛奶销售统计表（箱）

季度 品名	第一季度	第二季度	第三季度	第四季度
草莓牛奶	115	160	230	125
巧克力牛奶	212	289	320	180
柠檬牛奶	109	120	189	89
甜橙牛奶	98	156	245	118
酸奶	230	320	380	267
菠萝牛奶	123	178	263	145

图 1-4-6　各种牛奶销售箱数统计表

（1）将表格标题设置为三号、黑体、居中。

（2）在表格底部添加空行，在该行的第 1 列单元格内输入行标题“平均值”，在该行其余单元格中计算相应列中数据的平均值。

（3）在表格最后一列的右侧添加一列，列标题为“全年总计”，计算各种牛奶全年的销售总和，并按“全年总计”列降序排列表格内容。

（4）将表格中的标题设置为水平居中，其他单元格内容右对齐。

（5）将表格格式自动套用格式“竖列型 4”，并将表格居中。

（6）将修改后的文档以文件名 W7.doc 保存到 D 盘中。操作结果如图 1-4-7 所示。

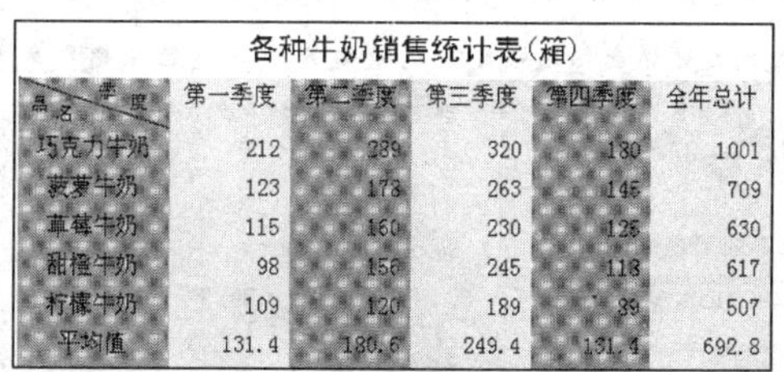

各种牛奶销售统计表(箱)

季度 / 品名	第一季度	第二季度	第三季度	第四季度	全年总计
巧克力牛奶	212	289	320	180	1001
菠萝牛奶	123	178	263	146	709
草莓牛奶	115	160	230	126	630
甜橙牛奶	98	156	245	118	617
柠檬牛奶	109	120	189	89	507
平均值	131.4	180.6	249.4	131.4	692.8

图 1-4-7　表格计算和格式化结果

操作提示如下：

（1）本例的表格是一个 7 行 5 列的规则表格，应采用建立规则表格的方法。绘制斜线表头可以选择“表格”|“绘制斜线表头”命令，在其对话框中选择表头样式：“样式一”，字体大小为“小五”，并设置相应的行标题（季度）和列标题（品名）。表格标题的格式设置可利用“格式”工具栏中的相应工具完成。

（2）表格行列的插入应选择“表格”|“插入”菜单中的相应命令。计算“平均值”和“全年总计”的方法：选中存放答案的单元格，选择“表格”|“公式”命令，平均值的求值利用 AVERAGE( )函数，求和采用 SUM()函数。计算时应注意 3 点：一是在计算之前，先进行答案存放单元格的定位；二是在“公式”输入框中必须以=开头；三是应注意函数括号内表示的数值区域。本例中求和公式均可用=SUM(LEFT)，求平均值公式均可为=AVERAGE (ABOVE)。

（3）按“全年总计”降序排列表格中的内容时，先选择除标题行和“平均值”所在行的所有数据，再选择“表格”|“排序”命令，在“排序”对话框中选择“主要关键字”为“全年总计”，并选择“降序”单选按钮，如图 1-4-8 所示。

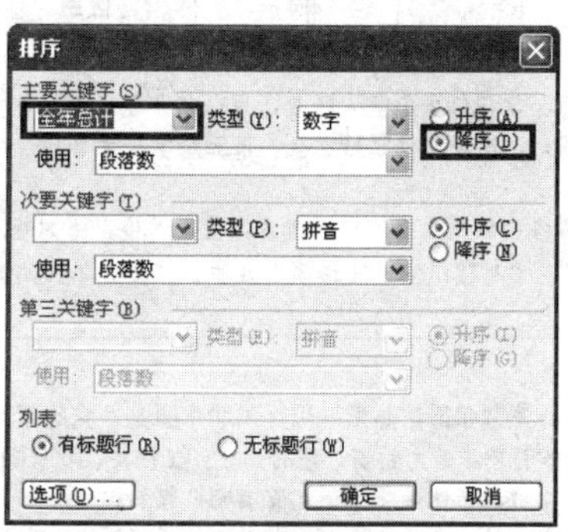

图 1-4-8　“排序”对话框

（4）对齐方式可以利用“格式”工具栏中的“对齐”按钮进行设置。

（5）表格自动套用格式操作：将光标定位在表格中，选择“表格”|“表格自动套用格式”

命令，在弹出的对话框中选择“竖列型 4”。单击表格左上角的“表格全选”按钮 ⊞，单击“格式”工具栏中的“居中”按钮即可实现表格的快速居中设置。

4.3 设计性实验

（1）参考图 1-4-9 所示的排版样式，利用 Word 制作一张手抄报。

图 1-4-9　手抄报

（2）利用 Word 制作一份个人简历，要求图文并茂、兼具表格，参考图如图 1-4-10 所示。

个　人　简　历

姓名	性别	出生年月	民族	
李笑	女	1986 年 6 月	汉	
籍贯	身高	体重	身体状况	
滨城	165cm	45kg	健康	

个人成长经历：

在滨城重点小学担任少先队大队长，曾获市“创新杯”作文大赛二等奖。

在初中阶段，多次荣获校三好学生、市三好学生荣誉称号，并或市中学英语竞赛二等奖。

在高中阶段各门课程成绩均达到优良，担任学校宣传部长，参加一些校园知识竞赛并获奖，参与组织全校性的演讲大赛、作文大赛和其他一些校园内的竞赛。

自我鉴定：

政治思想上：热爱祖国，热爱人民，拥护中国共产党的领导；

学习上：勤学好问，努力钻研，虚心向上；工作中，吃苦耐劳，认真踏实，一丝不苟，追求上进，集体荣誉感强，富有团队精神；

生活中：尊老爱幼，严于律己，艰苦朴素，乐于助人。

个人理想：从小事做起，一步一个脚印，坚定不移向前进。

业余爱好：

阅读、英语、演讲、唱歌等。

图 1-4-10　个人简历

（3）参考图 1-4-11 所示，制作一张个性化课程表。

星期＼节次		1～2 节（8:00～9:40）	3～4 节（10:00～11:40）	5～6 节（13:00～14:40）	7～8 节（15:00～16:40）
星期一	课程	大学英语	大学生学习方法指导	高等数学 C	大学生心理健康
	地点	13-404	13-104	13-102	6-102
星期二	课程				
	地点				
星期三	课程	大学英语	高等数学 C	大学生思想道德修养	计算机基础
	地点	13-404	13-102	13-104	13-300
星期四	课程	计算机上机			
	地点	14 数			
星期五	课程	（单周）大学英语		体育	
	地点	14-627		西校区田径场	

图 1-4-11　课程表

实验 5 Excel 2003 工作表操作与图表制作

5.1 实验目的

（1）熟练掌握工作表中各种数据的输入方法。

（2）熟练掌握公式和函数的应用。

（3）熟练掌握工作表的编辑和格式设置。

（4）掌握图表的创建、编辑和格式设置。

5.2 实验内容

建立 Excel 文件“金鑫公司员工工资明细表”，如图 1-5-1 所示，以文件名 E1.xls 保存在 D 盘中，并进行下列操作：

	A	B	C	D	E	F	G	H	I
1	金鑫公司员工工资明细表								
2	姓名	性别	部门	职务	出生年月	基本工资	津贴	奖金	扣款额
3	刘晓晓	男	销售部	业务员	1972年9月3日	1500	400	1200	98
4	张海波	男	销售部	业务员	1974年10月3日	400	270	890	86.5
5	郑新	女	财务部	会计	1976年7月9日	1000	310	780	66.5
6	贾红胜	男	销售部	业务员	1966年8月23日	950	290	350	53.5
7	王刚	男	财务部	会计	1971年3月12日	1000	360	400	48.5
8	章胜利	男	财务部	出纳	1968年5月19日	450	220	290	78
9	韩红	女	技术部	技术员	1972年10月12日	380	200	540	69
10	许书恒	女	技术部	技术员	1967年9月28日	900	260	350	45.5
11	雷恩	女	技术部	工程师	1971年4月5日	1600	540	650	66

图 1-5-1 金鑫公司员工工资明细表

（1）在工资表 I 列右侧增加一列“实发工资”，在第 12 行增加一行“总计”，并将结果计算出来。其中，实发工资=基本工资+津贴+奖金-扣款额，总计是指对“基本工资”、“津贴”等数值类数据所在列求和，如图 1-5-2 所示。

（2）工资表格式设置：

① 在标题行中合并（A1:J1）单元格；要求内容水平居中对齐，标题字体为黑体、14 号、加粗，表头（A2:J2）文字设置为楷体_GB2312、12 号，水平和垂直方向均居中对齐；“实发工资”列设置为小数位数 2 位，并添加千位分隔符，货币符号为￥；数据区域（A1:J12）设置为黑色粗线外边框，内部为黑色细线，表头单元格底纹为淡蓝色。

	A	B	C	D	E	F	G	H	I	J
1	金鑫公司员工工资明细表									
2	姓名	性别	部门	职务	出生年月	基本工资	津贴	奖金	扣款额	实发工资
3	刘晓晓	男	销售部	业务员	1972年9月3日	1500	400	1200	98	3002
4	张海波	男	销售部	业务员	1974年10月3日	400	270	890	86.5	1473.5
5	郑新	女	财务部	会计	1976年7月9日	1000	310	780	66.5	2023.5
6	贾红胜	男	销售部	业务员	1966年8月23日	950	290	350	53.5	1536.5
7	王刚	男	财务部	会计	1971年3月12日	1000	360	400	48.5	1711.5
8	章胜利	男	财务部	出纳	1968年5月19日	450	220	290	78	882
9	韩红	女	技术部	技术员	1972年10月12日	380	200	540	69	1051
10	许书恒	女	技术部	技术员	1967年9月28日	900	260	350	45.5	1464.5
11	雷恩	女	技术部	工程师	1971年4月5日	1600	540	650	66	2724
12	总计					8180	2850	5450	611.5	15868.5

图 1-5-2　计算实发工资和总计

② 设置标题行行高为 27，“姓名”列列宽为 10，其他列设置为“最适合的列宽”。

③ 设置条件格式：将基本工资大于 1 000 的单元格设置为蓝色，加粗倾斜，单元格底纹为图案 25% 的灰色底纹；将基本工资小于 500 的单元格设置为红色，加单下画线。操作结果如图 1-5-3 所示。

	A	B	C	D	E	F	G	H	I	J
1	金鑫公司员工工资明细表									
2	姓名	性别	部门	职务	出生年月	基本工资	津贴	奖金	扣款额	实发工资
3	刘晓晓	男	销售部	业务员	1972年9月3日	***1500***	400	1200	98	￥3,002.00
4	张海波	男	销售部	业务员	1974年10月3日	400	270	890	86.5	￥1,473.50
5	郑新	女	财务部	会计	1976年7月9日	1000	310	780	66.5	￥2,023.50
6	贾红胜	男	销售部	业务员	1966年8月23日	950	290	350	53.5	￥1,536.50
7	王刚	男	财务部	会计	1971年3月12日	1000	360	400	48.5	￥1,711.50
8	章胜利	男	财务部	出纳	1968年5月19日	450	220	290	78	￥882.00
9	韩红	女	技术部	技术员	1972年10月12日	380	200	540	69	￥1,051.00
10	许书恒	女	技术部	技术员	1967年9月28日	900	260	350	45.5	￥1,464.50
11	雷恩	女	技术部	工程师	1971年4月5日	***1600***	540	650	66	￥2,724.00
12	总计					8180	2850	5450	611.5	￥15,868.50

图 1-5-3　工作表格式化结果

（3）根据“姓名”、“基本工资”、“奖金”、“津贴”、“实发工资”列（不包含总计）的数据生成数据点折线图，图表标题为“金鑫公司员工工资情况”，X 轴标题为“员工姓名”，Y 轴标题为“人民币（元）”，嵌入到当前工作表中；删除图表中的“津贴”数据系列；将图表标题字体设置为蓝色、黑体、12 磅，图例位置改为“靠上”，效果如图 1-5-4 所示。

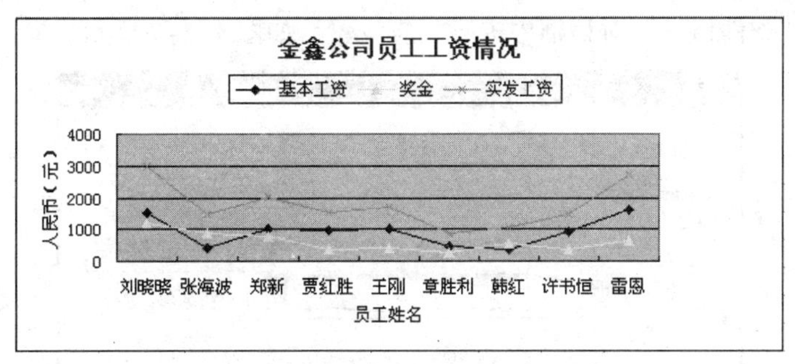

图 1-5-4　金鑫公司员工工资数据点折线图

（4）将修改后的文件以 E2.xls 为文件名保存到当前位置或其他存储介质以备后用。

操作提示如下：

（1）计算“实发工资”时可采用直接输入公式的方法，先计算第一位员工的实发工资：选中 J3，输入=，通过单击选择相应的单元格，输入运算符，组成公式=F3+G3+H3-I3，按【Enter】键或单击编辑栏内的✓按钮。其他员工的实发工资利用公式自动填充的方法完成。

计算“总计”可以先选定求和结果单元格，再单击“常用”工具栏中的Σ ▾按钮，在下拉列表中选择“求和”命令；也可以利用 Sum()函数或直接输入公式进行计算。

（2）工资表格式化均可在“单元格格式”对话框中设置完成，打开该对话框的方法有两种：一是选定并右击要设置的单元格，在弹出的快捷菜单中选择“设置单元格格式”命令；二是选择“格式”|“单元格”命令。

① 合并单元格：在“对齐”选项卡中设置或单击“合并及居中”按钮；水平和垂直方向对齐方式处理同样在“对齐”选项卡中进行。

“实发工资”列的数值格式设置：选择“数字”选项卡，在“分类”列表框内选择“货币”，在右侧输入小数位数并选择相应的货币符号，如图 1-5-5 所示。在“分类”列表框中选择“数值”，选中右侧“使用千位分隔符”复选框，即可完成添加千位分隔符的设置，如图 1-5-6 所示。

工作表边框设置应在“边框”选项卡中进行：先选定线条的颜色和样式，再单击“预置”选项区域的相应按钮。

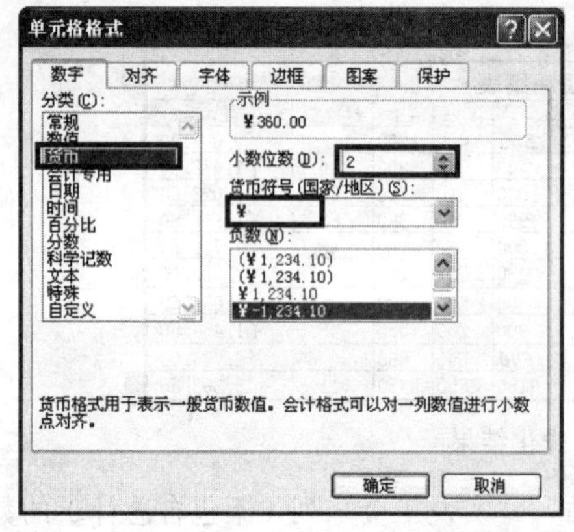

图 1-5-5　数值格式设置

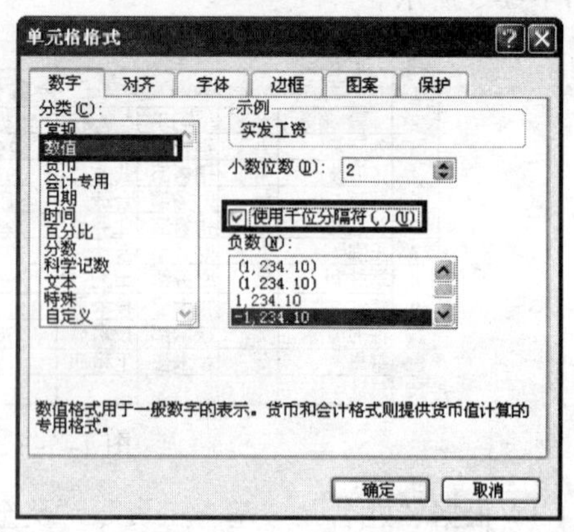

图 1-5-6　添加千位分隔符

② 行高和列宽的设置：选择“格式”|“行”及“格式”|“列”中的相应命令来完成。

③ 条件格式的设置：选定“基本工资”列中的工资数据（F3:F11），选择“格式”|“条件格式”命令，在“条件格式”对话框中进行相应设置，如图 1-5-7 所示。

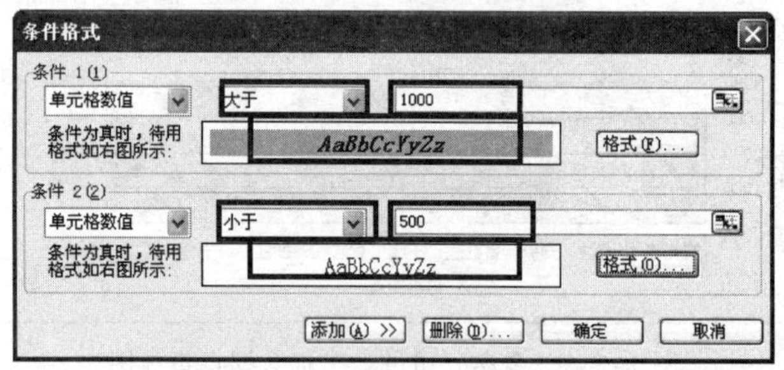

图 1-5-7　“条件格式”对话框

（3）对数据进行图表化，首先应明确需要选定工作表中的哪些数据？图表的类型是什么？本例中需选定 5 列数据：“姓名”、“基本工资”、“奖金”、“津贴”、“实发工资”，注意：不包含“总计”行，因为是不连续的多列数据，所以应按住【Ctrl】键再选中数据列。单击“常用”工具栏中的“插入图表”按钮或选择“插入”|“图表”命令启动图表向导后，在第 1 个向导对话框中选择相应的图表类型，如图 1-5-8 所示。在“图表向导步骤之 3”对话框中输入图表

标题、X 轴标题、Y 轴标题的相应内容，在“图表向导步骤之 4”对话框中选择将图表“作为其中的对象插入”到当前工作表中即可。

图 1-5-8　选择图表类型

对图表进行编辑和格式化：首先要弄清图表中的各个对象，选择所需的对象通过快捷菜单或快捷键进行相应操作。本例只需在选定图表中的“津贴”数据系列后按【Delete】键删除即可，如图 1-5-9 所示。若图表区要增加一个系列，只需将相应系列数据拖至图表区即可。

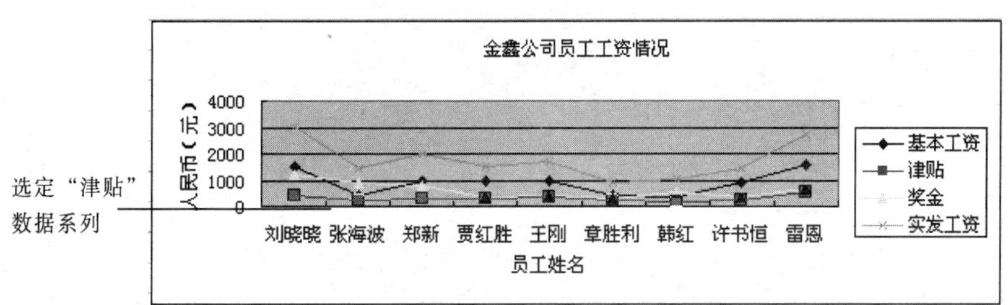

图 1-5-9　选定“津贴”数据系列

图表格式化时，只需分别在图表的“图表标题”和“图例”等对象区域上方双击，在弹出的对话框中进行相应设置即可。“图例格式”对话框如图 1-5-10 所示。

图 1-5-10　“图例格式”对话框

5.3 设计性实验

新建一个工作簿 Book1.xls，根据下列已知数据建立一个抗洪救灾捐献统计表。

单　位	捐款（万元）	实物（件）	折合人民币（万元）
第一部门	1.95	89	2.45
第二部门	1.2	87	1.67
第三部门	0.95	52	1.30
总计			

计算各项捐献的总计，根据“单位”和“折合人民币（万元）”两列数据（不包含总计）制作图表，要求有图表标题、图例并显示各部门占捐款总数的百分比（提示：可以绘制部门捐款的三维饼图，百分比作为其数据标志）。

实验 6　Excel 2003 数据管理

6.1　实 验 目 的

（1）熟练掌握数据的排序操作。

（2）熟练掌握数据的筛选操作。

（3）熟练掌握数据的分类汇总操作。

（4）掌握数据透视表的建立。

6.2　实 验 内 容

操作步骤如下：

（1）打开文件 E2.xls，将工作表中的数据（仅保留列标题和各员工工资内容，不包括表格标题及总计）复制到一个新工作簿的 Sheet1 工作表中，如图 1-6-1 所示，并以文件名 E3.xls 保存至 D 盘内。

	A	B	C	D	E	F	G	H	I	J
1	姓名	性别	部门	职务	出生年月	基本工资	津贴	奖金	扣款额	实发工资
2	刘晓晓	男	销售部	业务员	1972年9月3日	1500	400	1200	98	3002
3	张海波	男	销售部	业务员	1974年10月3日	400	270	890	86.5	1473.5
4	郑新	女	财务部	会计	1976年7月9日	1000	310	780	66.5	2023.5
5	贾红胜	男	销售部	业务员	1966年8月23日	950	290	350	53.5	1536.5
6	王刚	男	财务部	会计	1971年3月12日	1000	360	400	48.5	1711.5
7	章胜利	男	财务部	出纳	1968年5月19日	450	220	290	78	882
8	韩红	女	技术部	技术员	1972年10月12日	380	200	540	69	1051
9	许书恒	女	技术部	技术员	1967年9月28日	900	260	350	45.5	1464.5
10	雷恩	女	技术部	工程师	1971年4月5日	1600	540	650	66	2724

图 1-6-1　Sheet1 工作表

（2）将 Sheet1 中的数据复制到 Sheet2 中，按“基本工资”降序排列，若基本工资相同，则按“津贴”降序排列，排序结果如图 1-6-2 所示。

（3）将 Sheet1 中的数据复制到 Sheet3 中，在 Sheet3 中筛选出“奖金>1 000 或奖金<500”的记录，筛选结果如图 1-6-3 所示。

（4）插入新工作表 Sheet4，将 Sheet1 中的数据复制到 Sheet4 中，并按下列要求进行分类汇总操作：

① 求各部门基本工资、奖金、实发工资的总和。

	A	B	C	D	E	F	G	H	I	J
1	姓名	性别	部门	职务	出生年月	基本工资	津贴	奖金	扣款额	实发工资
2	雷思	女	技术部	工程师	1971年4月5日	1600	540	650	66	2724
3	刘晓晓	男	销售部	业务员	1972年9月3日	1500	400	1200	98	3002
4	王刚	男	财务部	会计	1971年3月12日	1000	360	400	48.5	1711.5
5	郑新	女	财务部	会计	1976年7月9日	1000	310	780	66.5	2023.5
6	贾红胜	男	销售部	业务员	1966年8月23日	950	290	350	53.5	1536.5
7	许书恒	女	技术部	技术员	1967年9月28日	900	260	350	45.5	1464.5
8	章胜利	男	财务部	出纳	1968年5月19日	450	220	290	78	882
9	张海波	男	销售部	业务员	1974年10月3日	400	270	890	86.5	1473.5
10	韩红	女	技术部	技术员	1972年10月12日	380	200	540	69	1051

图 1-6-2　排序结果

	A	B	C	D	E	F	G	H	I	J
1	姓名	性别	部门	职务	出生年月	基本工资	津贴	奖金	扣款额	实发工资
2	刘晓晓	男	销售部	业务员	1972年9月3日	1500	400	1200	98	3002
5	贾红胜	男	销售部	业务员	1966年8月23日	950	290	350	53.5	1536.5
6	王刚	男	财务部	会计	1971年3月12日	1000	360	400	48.5	1711.5
7	章胜利	男	财务部	出纳	1968年5月19日	450	220	290	78	882
9	许书恒	女	技术部	技术员	1967年9月28日	900	260	350	45.5	1464.5

图 1-6-3　筛选结果

② 在原有分类汇总的基础上，再汇总出各部门基本工资、奖金、实发工资的平均值。分类汇总结果如图 1-6-4 所示。

（5）以 Sheet1 中的数据列表为基础，在 Sheet5 中创建数据透视表，要求统计出各部门中各职务的人数。操作后的结果如图 1-6-5 所示。

	A	B	C	D	E	F	G	H	I	J
1	姓名	性别	部门	职务	出生年月	基本工资	津贴	奖金	扣款额	实发工资
2	郑新	女	财务部	会计	1976年7月9日	1000	310	780	66.5	2023.5
3	王刚	男	财务部	会计	1971年3月12日	1000	360	400	48.5	1711.5
4	章胜利	男	财务部	出纳	1968年5月19日	450	220	290	78	882
5			**财务部 平均值**			816.6667		490		1539
6			**财务部 汇总**			2450		1470		4617
7	韩红	女	技术部	技术员	1972年10月12日	380	200	540	69	1051
8	许书恒	女	技术部	技术员	1967年9月28日	900	260	350	45.5	1464.5
9	雷思	女	技术部	工程师	1971年4月5日	1600	540	650	66	2724
10			**技术部 平均值**			960		513		1746.5
11			**技术部 汇总**			2880		1540		5239.5
12	刘晓晓	男	销售部	业务员	1972年9月3日	1500	400	1200	98	3002
13	张海波	男	销售部	业务员	1974年10月3日	400	270	890	86.5	1473.5
14	贾红胜	男	销售部	业务员	1966年8月23日	950	290	350	53.5	1536.5
15			**销售部 平均值**			950		813		2004
16			**销售部 汇总**			2850		2440		6012
17			**总计平均值**			908.8889		606		1763.167
18			**总计**			8180		5450		15868.5

图 1-6-4　分类汇总结果

计数项:职务	职务					
部门	出纳	工程师	会计	技术员	业务员	总计
财务部	1		2			3
技术部		1		2		3
销售部					3	3
总计	1	1	2	2	3	9

图 1-6-5　各部门各职务数据透视表

（6）将修改后的文件以原文件名进行保存，退出 Excel。

操作提示如下：

（1）对于已经格式化的工作表，如果只复制其数据部分而无需已设置的格式，可以在选定内容进行复制后，在需要粘贴的位置右击，在弹出的快捷菜单中选择“选择性粘贴”命令，在弹出对话框的“粘贴”选项区中选择“数值”单选按钮，如图 1-6-6 所示。

（2）如果排序只涉及一个关键字（字段名），可以单击“常用”工具栏中的 A↓Z 和 Z↓A 按钮快速排序；如果涉及多个关键字，应选择“数据”|“排序”命令，在“数据排序”对话框中进行相应设置。

（3）建立筛选按钮后，单击“奖金”字段右侧的筛选按钮，在弹出的列表中选择“自定义”选项，按要求设置条件，并注意用“或”逻辑运算符连接这两个条件。

（4）分类汇总操作正确的前提是先进行分类字段的排序，其次要弄清分类汇总的三要素：分类字段、汇总方式和汇总项。

① 选择“数据”|“分类汇总”命令，弹出“分类汇总”对话框，如图 1-6-7 所示。“分

类字段”选择“部门”，“汇总方式”选择“求和”，汇总项选定“基本工资”、“奖金”、“实发工资”。

② 嵌套分类汇总操作：打开“分类汇总”对话框，“分类字段”和“选定汇总项”的设置保存不变，“汇总方式”改为“平均值”，取消选中“替换当前分类汇总”复选框，单击“确定”按钮即可。

图 1-6-6　“选择性粘贴”对话框

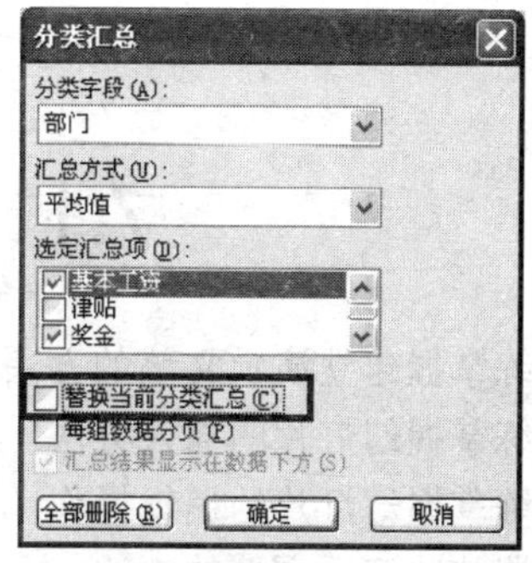

图 1-6-7　“分类汇总”对话框

（5）“分类汇总”只能根据一个字段分类并汇总，如果需要对多个字段进行分类并汇总时，就需要建立透视表。在建立数据透视表时，选择“数据”|“数据透视表和数据透视图”命令，最主要的参数设置是在“数据透视表和数据透视图向导—布局”对话框中进行，如图 1-6-8 所示。

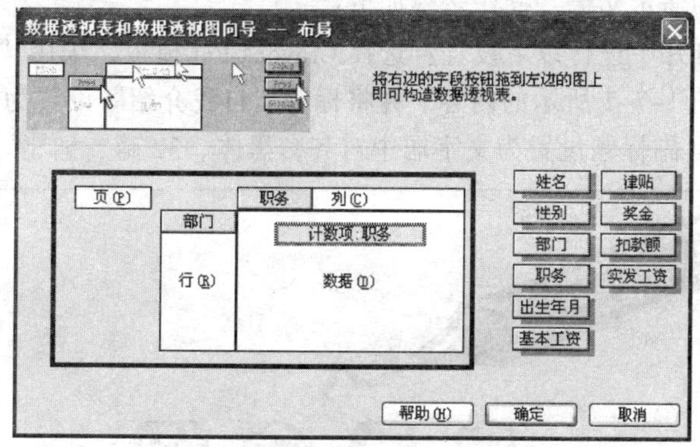

图 1-6-8　数据透视表布局设置

6.3　设计性实验

（1）将 E2.xls 文件中的数据复制到一个新工作簿的 Sheet1 工作表中，按“奖金”降序排列，若奖金相同，则按“津贴”降序排列。

（2）将 Sheet1 中的数据复制到 Sheet2 中，在 Sheet2 中按下列要求进行分类汇总：

① 按性别求基本工资、奖金、实发工资的总和。

② 在上述分类汇总的基础上，再按性别汇总出基本工资、奖金、实发工资的最大值。

实验 7　PowerPoint 2003 演示文稿制作

7.1　实 验 目 的

（1）熟练掌握建立演示文稿的方法。

（2）熟练掌握幻灯片的插入方法。

（3）熟练掌握幻灯片的编辑操作。

（4）掌握放映演示文稿的方法。

7.2　实 验 内 容

制作 4 张幻灯片的演示文稿，操作步骤如下：

（1）在第 1 张幻灯片中进行以下设置：选择 Crayons.Pot 模板，采用“标题幻灯片”版式，在相应文本框中添加图 1-7-1 所示的内容。并将标题“自我介绍”设置为：文字分散对齐，华文彩云、60 磅、加粗；副标题设置为文字居中对齐，黑体、32 磅、加粗。

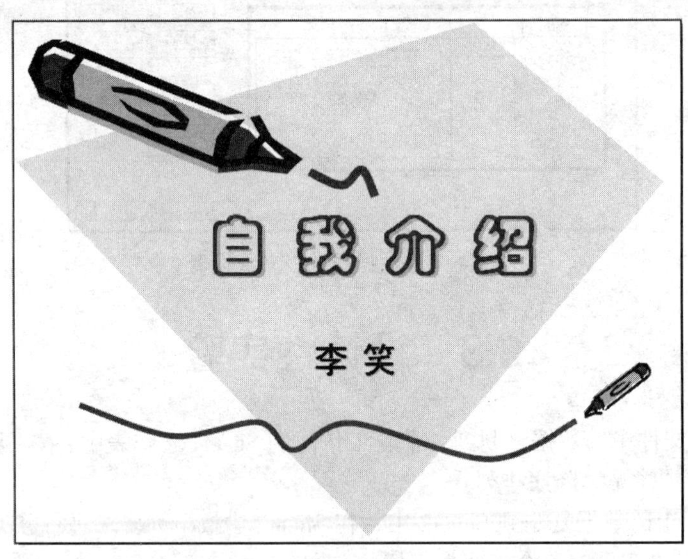

图 1-7-1　演示文稿第 1 张

（2）插入一张新幻灯片，要求采用“标题，文本与内容”版式，并添加图 1-7-2 所示的内容。

（3）插入新幻灯片，使之成为第 3 张，采用“标题和表格”版式，并添加图 1-7-3 所示的内容，设置表头文字加粗、所有内容居中对齐。

图 1-7-2　演示文稿第 2 张

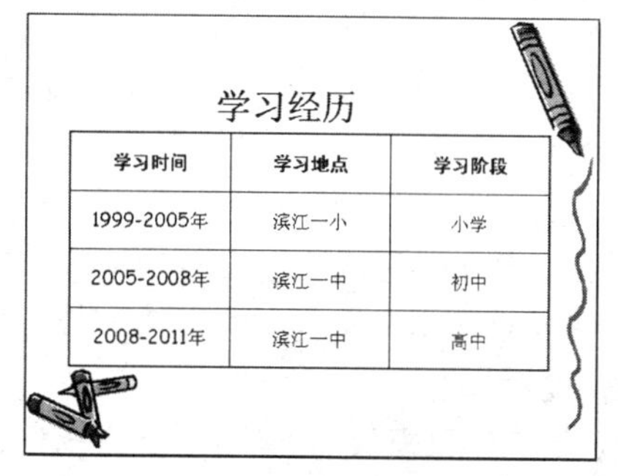

图 1-7-3　演示文稿第 3 张

（4）在第 2 张幻灯片前插入一张新幻灯片，选用“空白”版式，插入艺术字“初次见面，请多关照”，设置字体为宋体、36 磅、加粗，采用艺术字库中第 3 行第 5 列的样式；插入两个“自定义”动作按钮，要求能实现相应幻灯片的超链接，如图 1-7-4 所示。插入一段节奏欢快的音乐，并设置为“当幻灯片放映时自动播放”方式。

（5）为每张幻灯片添加日期、页脚和幻灯片编号。其中日期设置为可以自动更新，页脚为“李笑自我介绍”，三者的字号大小均为 24 磅。其中第 1 张幻灯片效果如图 1-7-5 所示。

图 1-7-4　插入的幻灯片

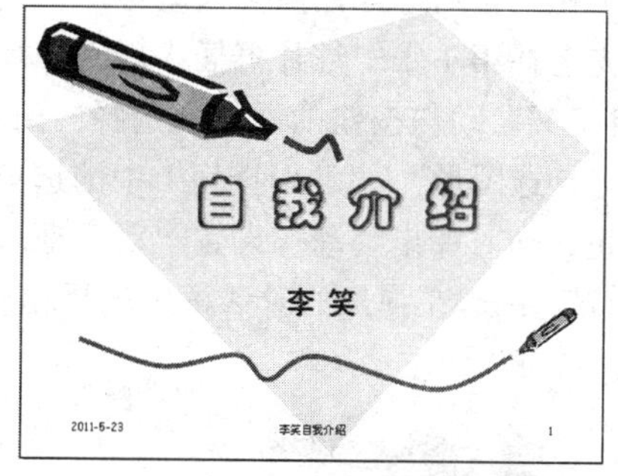

图 1-7-5　第 1 张幻灯片效果

（6）为第 4 张幻灯片设置背景为“白色大理石”，效果如图 1-7-6 所示。

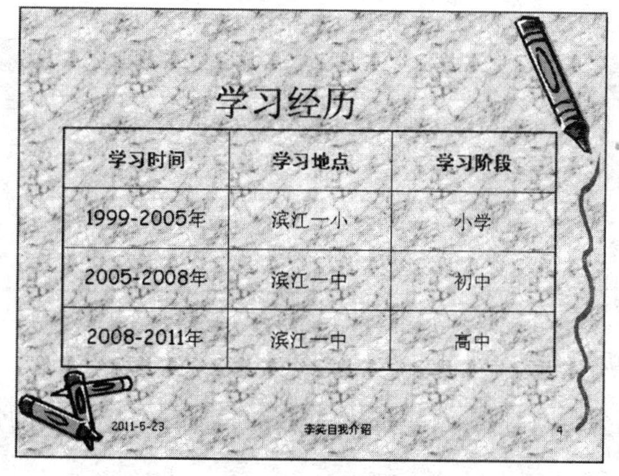

图 1-7-6　第 4 张幻灯片效果

（7）为第 3 张幻灯片设置动画效果：要求单击鼠标时标题以“挥舞”动画效果进入，并伴有“硬币”声音，其中的图片在前一事件发生之后，以“玩具风车”的动画效果进入，文本内容在“从上一项之后开始”2 秒后发生；并用“展开”的动画效果逐项显示。

（8）将全部幻灯片的切换效果设置为“扇形展开”，速度为“中速”，声音为“风铃”，换片方式为每隔 5 秒自动换片。可根据自己的喜好继续美化和完善演示文稿。

（9）将演示文稿放映方式分别设置为“演讲者放映”、“观众自行浏览”、“在展台放映”及“循环放映，按 Esc 键终止”，并观察放映效果。

（10）将该演示文稿以 P1.ppt 为文件名保存在 D 盘中。

操作提示如下：

（1）快速选取模板的方法：在任一幻灯片空白位置右击，在弹出的快捷菜单中选择“幻灯片设计”命令，单击窗口右侧“幻灯片设计”任务窗格中的“浏览”超链接，在弹出的“应用设计模板”对话框中选择 Presentation Designs 文件夹，即可进行相应模板的选择。

幻灯片版式的设置：在幻灯片空白位置右击，在弹出的快捷菜单中选择“幻灯片版式”命令，在图 1-7-7 所示的任务窗格中进行选择即可。

（2）添加幻灯片时，选择“插入”|“新幻灯片”命令，或单击“常用”工具栏中的“新幻灯片”按钮来完成。

（3）与上一步骤的操作相同。

（4）在某张幻灯片之前插入幻灯片，应先选择将成为待插入幻灯片的前 1 张幻灯片。所以此处应先选择第 1 张幻灯片再插入新幻灯片。

“自定义”动作按钮的添加：选择“幻灯片放映”|“动作按钮”命令或单击“绘图”工具栏中的“自选图形”|“动作按钮”中的选项，在幻灯片的空白位置单击或进行拖放生成相应的动作按钮，同时弹出“动作设置”对话框。在“单击鼠标”选项卡的“超链接到”下拉列表中选择“幻灯片”，在弹出的对话框中选择相应的幻灯片。其中“基本情况”动作按钮的超链接设置如图 1-7-8 所示。

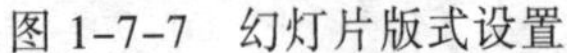
图 1-7-7　幻灯片版式设置

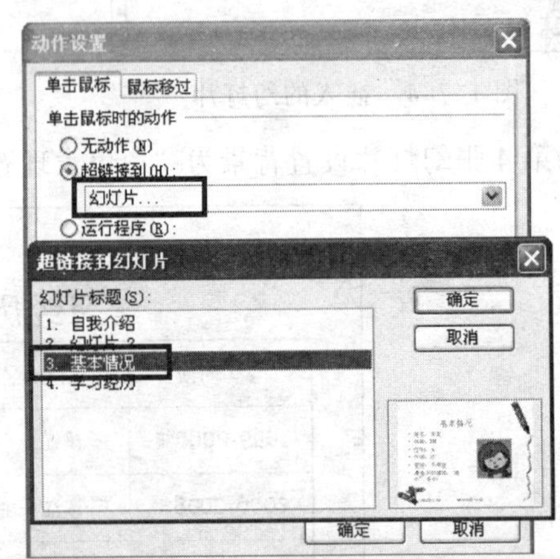

图 1-7-8　“基本情况”动作按钮的超链接

“自定义”动作按钮上的文字是通过在其对象上右击后，在弹出的快捷菜单中选择“添加文本”命令来完成的。

选择“插入”|“影片和声音”|“文件中的声音”命令为幻灯片插入声音。

（5）为幻灯片添加日期、页脚和幻灯片编号：选择“视图”|“页眉和页脚”命令，在弹出

对话框的“幻灯片”选项卡中选择“自动更新”单选按钮，并选中“幻灯片编号”复选框，在“页脚”文本框中输入“李笑自我介绍”，再单击“全部应用”按钮，如图 1-7-9 所示。

设置日期、页脚和幻灯片编号的字号：选择“视图”|“母版”|“幻灯片母版”命令，分别在“幻灯片母版”和“标题母版”中进行设置。

（6）幻灯片背景的设置通过“格式”|“背景”命令来实现。在“背景”对话框的“背景填充”下拉列表中选择“填充效果”选项，弹出“填充效果”对话框，选择“纹理”选项卡，选择“白色大理石”纹理，如图 1-7-10 所示。单击“确定”按钮返回“背景”对话框，再单击“应用”按钮。

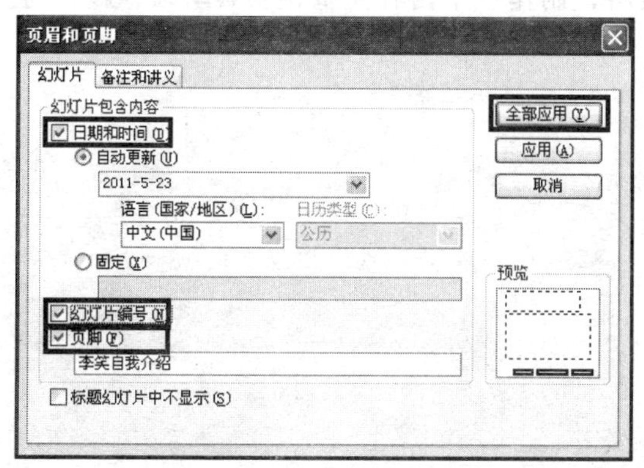

图 1-7-9　“页眉和页脚”对话框

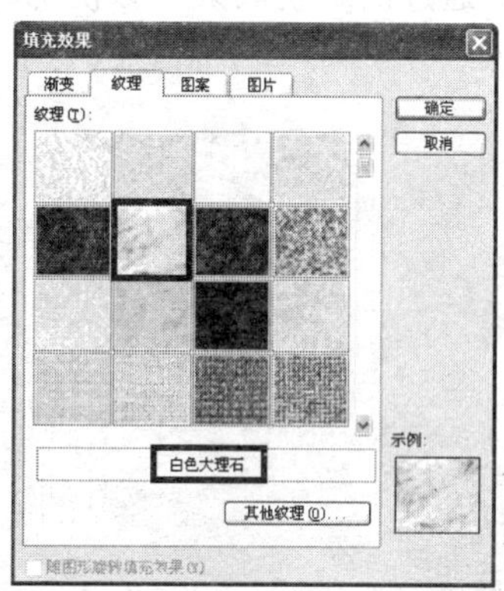

图 1-7-10　“填充效果”对话框

（7）动画效果设置：选择“幻灯片放映”|“自定义动画”命令或者在对象上右击，在弹出的快捷菜单中选择“自定义动画”命令。在窗口右侧的“自定义动画”任务窗格中单击“添加效果”按钮，在弹出的列表中选择“进入”|“其他效果”命令，弹出图 1-7-11 所示的对话框。

动画效果的声音、发生动作及具体时间的设置：在“自定义动画”任务窗格的动画列表中单击相应对象右侧的箭头，在弹出的列表中选择“效果选项”命令，如图 1-7-12 所示，可在弹出的对话框中对对象进行更详细的设置。

图 1-7-11　“添加进入效果”对话框

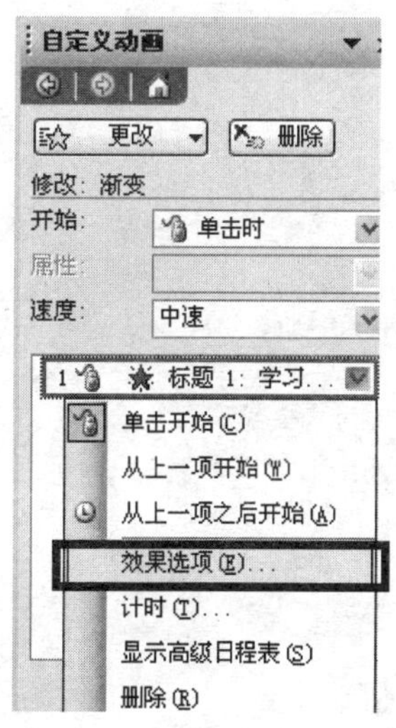

图 1-7-12　选择“效果选项”命令

（8）设置幻灯片的切换效果通过“幻灯片放映”|“幻灯片切换”命令，在“幻灯片切换”任务窗格中进行相应设置。

（9）设置演示文稿的放映方式通过“幻灯片放映”|“设置放映方式”命令进行设置。

7.3 设计性实验

（1）设计一个介绍自己所在学校或所学专业的演示文稿。

（2）通过网络获取某一影视明星的相关资料，制作一个内容完整，兼具动画、影音的演示文稿。

实验 8　网络配置与连通性检查

8.1　实 验 目 的

（1）掌握检查主机名的方法。

（2）掌握检查网络设置的方法。

（3）掌握测试网络连通情况的方法。

（4）了解局域网下双机互相访问的方法。

8.2　实 验 内 容

8.2.1　检查主机名

主机名是指连接到网络中的计算机、路由器、交换机等网络设备的名字，由网络管理员或用户命名。主机名与用户名有一些差别，用户名是登录计算机时所选择的名字，这些用户名各有各的权限，如最高级的用户名一般是 Administrator，最低级的用户名一般是 Guest。

操作步骤如下：

检查本机的主机名时，选择“开始”|“控制面板”命令，弹出“控制面板”窗口，双击“系统”图标，弹出“系统属性”对话框，选择“计算机名”选项卡，即可检查或更改主机名和工作组名，如图 1-8-1 所示。

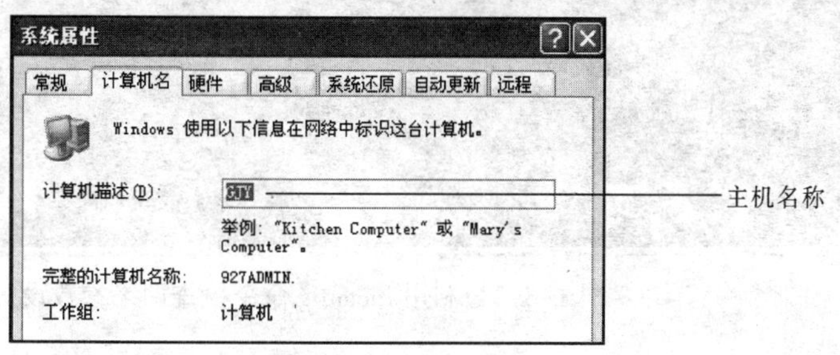

图 1-8-1　检查系统属性

8.2.2 利用 ipconfig 命令检查网络设置

ipconfig 命令是 Windows 2000/XP/2003 自带的一个网络检测实用程序，可用于显示当前主机的 TCP/IP 配置是否正确。如果用户计算机和所在的局域网使用了动态主机配置协议 DHCP（在 Windows 系统环境下把较少的 IP 地址分配给较多主机使用的协议），这个程序所显示的信息会更加实用。利用 ipconfig 命令可以了解用户的计算机是否成功地租用到一个 IP 地址，如果租用到则可以了解它目前分配到的是什么地址。了解计算机当前的 IP 地址、子网掩码和默认网关等，是网络测试和故障分析的必要项目。

当使用 ipconfig 命令不带任何参数选项时，它将显示 IP 地址、子网掩码和默认网关值。

当使用 ipconfig/all 时，ipconfig 能为 DNS 和 WINS 服务器显示它已配置且所要使用的附加信息（如 IP 地址等），并显示本机网卡中的物理地址（MAC）。如果 IP 地址是从 DHCP 服务器租用的，ipconfig 将显示 DHCP 服务器的 IP 地址和租用地址预计失效的日期。

操作步骤如下：

在 Windows XP 系统环境下，选择“开始”|“运行”命令，在弹出的对话框中输入 cmd 后按【Enter】键，这时将弹出“命令提示符”窗口，在命令提示符下输入“ipconfig/all 网络检测命令”（字母大小写均可），将显示本机的网络参数设置情况，如图 1-8-2 所示。

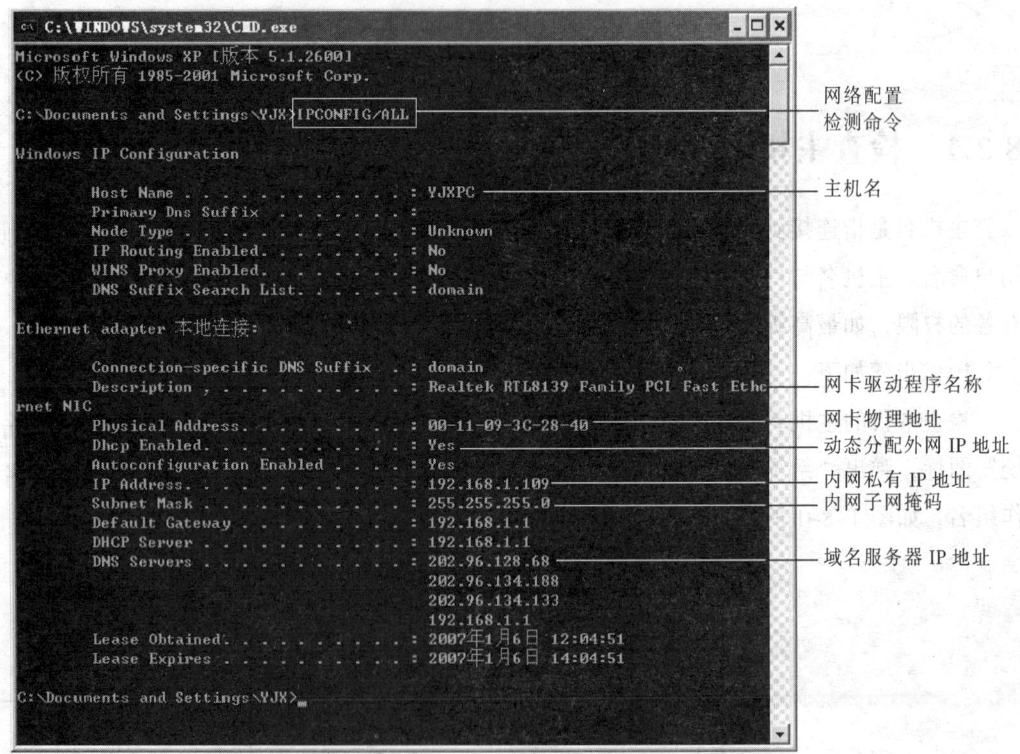

图 1-8-2 利用 ipconfig 命令检查网络参数设置

8.2.3 利用 ping 命令检查网络连通情况

ping 命令是 Windows 操作系统自带的一个网络连通情况检测程序，它可以在命令提示符窗口下执行。许多网络设备（如路由器、交换机）也支持ping命令。ping命令不仅用于确定本机是否能与另一台主机交换数据，还主要用于网络故障检测，或者缩小故障范围。如果ping运行正确，基本可以排除网卡、TCP/IP配置、通信线路、路由器等存在的故障，是一个使用频率极高的网络实用程序。

在默认设置下，ping命令发送4个回送请求检测数据包，每个数据包为32B，如果网络运行正常，本机就会收到4个回送的应答数据包。

ping命令的使用很简单，在命令提示符窗口下输入ping命令和本机或对方主机的IP地址或域名即可，如图1-8-3所示。

```
C:\>ping 192.168.10.25
Pinging 192.168.10.25 with 32 bytes of data:
Reply from 192.168.10.25:bytes=32 time=27ms TTL=
Reply from 192.168.10.25:bytes=32 time=31ms TTL=
Reply from 192.168.10.25:bytes=32 time=31ms TTL=
Reply from 192.168.10.25:bytes=32 time=31ms TTL=
Ping statistics for 192.168.10.25:
     Packets:Sent=4,Received=4,Lost=0(0%loss),
Approximate round trip times in milli-seconds:
  Minimum=27ms,Maximum=31ms,Average=30ms
```

图1-8-3 利用ping命令检查网络连通情况

time是从发送请求数据包到收到应答数据包之间的时间，单位为毫秒（ms）。应答时间短表示经过的路由器少或网络连接速度较快。Mininum为最短应答时间，Maxinum为最长应答时间，Average为平均应答时间。

bytes是ping数据包的长度，默认为32B。

Reply次数就是ping的次数，默认为4次。Sent是发送的请求包个数，Received是收到的应答包个数，Lost是丢失包数。

TTL（Time To Live，生存时间）值可用来推算数据包经过了多少个路由器网段。不同的操作系统，TTL默认值也不相同。路由网段数=2^n-TTL值，其中2^n是比返回的TTL值略大的乘方数。如TTL=56，则取2^n为64，说明从源地点到目标地点要经过8个路由网段（64-56）。

在默认情况下，Windows NT/2000/XP/2003系统的TTL值为128，Windows 98系统的TTL值为32，Linux系统的TTL值为64或255，UNIX主机的TTL值为255。每个操作系统对TTL值的定义都不同，这个值甚至可以通过修改某些系统的参数来改变。例如，Windows XP默认TTL值为128，可以通过注册表修改。而Linux的TTL值大多定义为64。不过一般很少有人会去修改机器的TTL值，用户可以通过ping命令回显的TTL值来大体判断对方机器是什么操作系统。如果用户看到的TTL值为112时，可能是初始TTL值是128，跳了16个结点（128-112），即主机可能为Windows 2000/XP/2003。

8.2.4 设置两台局域网计算机的相互访问

两台局域网计算机在Windows 2000/XP/2003下的互相访问必须遵循以下原则：

（1）打开双方的计算机，且设置了共享资源（共享文件夹、共享文件或共享打印机等）。

（2）双方计算机都添加了“文件和打印共享”服务。

（3）双方都正确设置了局域网 IP 地址，且必须在一个网段中。即双方 IP 地址的前 3 个字节必须相同，仅仅是尾数不同，如都是 192.168.0.X（X 为 1～254 以内的值）。

（4）双方的计算机都关闭了防火墙。

（5）双方都启用了 Guest 账户或其他用户自己设置的共享账户。在默认状态下，Windows XP 对 Guest 账户都是停用的，可以让双方都启用 Guest 账户。

如果对方账户没有加上密码，则双方可以很顺利地看到对方的共享资源。如果 Windows 2000/XP 的一方对 Guest 账户设置了密码，则 Windows XP 访问对方的共享资源时，就必须正确输入密码才可以访问。如果在不知道对方密码的情况下反复试探，在进行了一定次数的试探后，Windows 2000/XP 的账户锁定策略将会自动锁定该 Guest 账户。

8.3 验证性实验

（1）利用 ipconfig/all 命令检查以下参数：主机名、网卡驱动程序名、网卡 MAC 地址、主机 IP 地址、主机子网掩码等参数。

（2）利用 ping 命令检测本机 IP 地址。本机始终都应该对该命令做出应答，如果没有收到应答，局域网用户应断开网络电缆，然后重新发送此命令；如果运行正确，则有可能是网络中有另一台计算机配置了相同的 IP 地址。若仍然有错，则表示本地配置或安装有问题。

（3）利用 ping 127.0.0.1 命令检测本机。该命令被送到本地计算机而不会离开本机，如果没有收到应答包，就表示 TCP/IP 的安装或运行存在某些最基本的问题。检测自己主机和对方主机是否连通。

（4）利用 ping 命令检测局域网内其他主机的 IP。该命令离开用户计算机，经过网卡和网络电缆到达其他计算机，再返回。收到应答表明本地网络的网卡和载体运行正确。若没有收到应答，则可能是子网掩码错误、网卡配置错误或网络电缆不通。

（5）利用 ping 命令检测网关 IP 地址。若错误，表示网关地址错或网关未启动，或到网关的线路不通。

（6）利用 ping 命令检测远程 IP 地址。若收到应答，表示网关运行正常，可以成功访问因特网。

（7）利用“ping 域名”（如 ping www.163.com）的方法检测对方主机是否连通。执行此命令时，计算机会先将域名转换为 IP 地址，一般是通过 DNS 服务器。如果有问题，则可能 DNS 服务器地址配置错误或 DNS 服务器故障。该功能还可用于查看域名对应的 IP 地址。

如果以上所有 ping 命令都能正常运行，说明用户计算机进行本地和远程通信的功能基本具备。

需要说明的是，由于利用 ping 命令可以对远程主机进行网络攻击，因此对方主机中安装的防火墙可能禁止 ping 命令，这可能导致 ping 命令不能返回正确的信号。ping 不成功并不意味着网络一定有问题，当收不到返回包时，不一定说明网络有错。同样，ping 命令的成功也不表示所有的网络配置都没有问题，例如，某些子网掩码错误就可能无法用这些方法进行检测。

实验 9　因特网信息检索

9.1　实 验 目 的

（1）IE 浏览器的使用与常规设置。
（2）掌握因特网资料查找方法。
（3）掌握网页文件的保存与复制。
（4）掌握期刊论文的检索和阅读方法。

9.2　实 验 内 容

9.2.1　IE 浏览器基本操作

1. 利用浏览器查找网站

双击桌面上的 IE 图标，然后在 IE 浏览器地址栏中输入需要查找网站的域名，即可找到需要的网站。例如，如果用户需要查找“网易”网站，只需要在 IE 浏览器地址栏中输入 www.163.com，按【Enter】键后即可打开“网易”站点的首页，如图 1-9-1 所示。

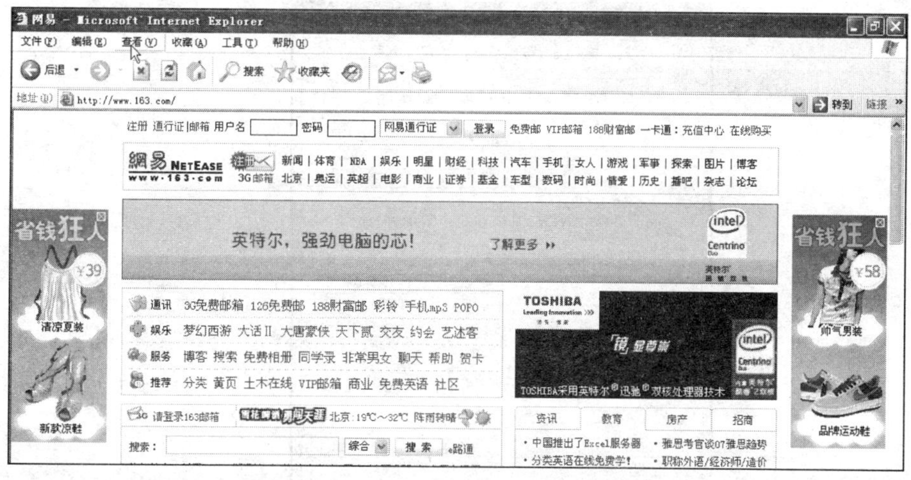

图 1-9-1　网易网站首页

2. 利用搜索引擎查找资料

在 IE 浏览器地址栏中输入 www.baidu.com 并按【Enter】键，这时浏览器将打开“百度”网站的首页。在百度搜索栏中输入需要查找资料的关键词并按【Enter】键，即可搜索到与关键词相关内容的网页，然后单击网页上的超链接，即可打开相关资料的网页。例如，要查找与“大学”这个关键词相关内容的网页，只需要在百度搜索栏中输入“大学”并按【Enter】键，即可搜索到与“大学”相关网页的链接，如图 1-9-2 所示。

3. IE 浏览器常规设置

对于初级应用者来说，不需要更改 IE 的默认设置即可直接上网浏览。但是若想在使用 IE 时得心应手，也可根据自己的喜好修改 IE 的设置。

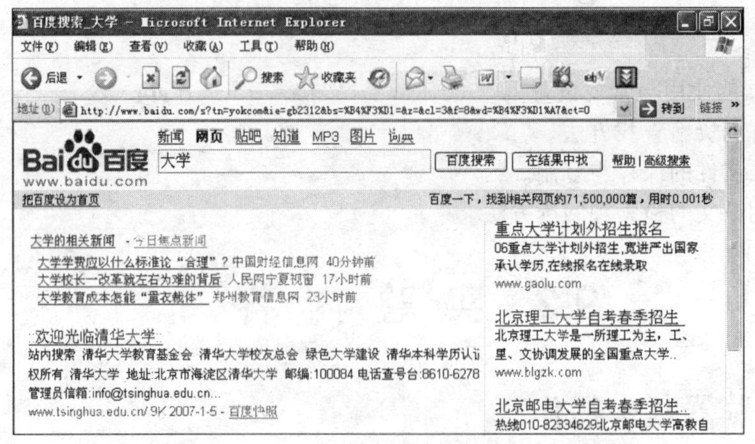

图 1-9-2　利用百度进行网页资料搜索

操作步骤如下：

（1）在 IE 浏览器中选择“工具”|“Internet 选项”命令，在弹出的“Internet 选项”对话框中选择“常规”选项卡，如图 1-9-3 所示，可以对 IE 的一些常规属性进行设置。

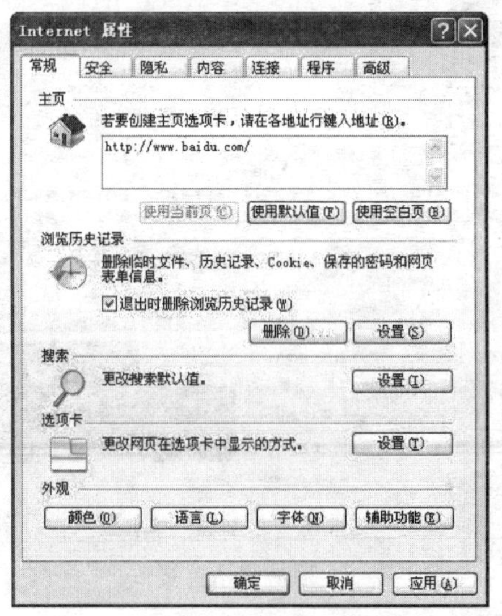

图 1-9-3　IE 浏览器的常规设置

（2）初始页（主页）的设置：主页是指浏览器打开时首先连接的站点。用户每次启动 IE

时，IE 总是先自动打开初始页。可以通过在地址栏中输入地址来设定主页，也可以在连接到该站点后选择“使用当前页”命令。将初始页设为特定的站点的主页时，可以使 IE 在启动时直接转入指定的主页，这对于经常访问某个网站或者特别喜欢某个网站的用户而言，会带来一些方便。选择好初始页之后，单击“确定”按钮，IE 下次启动时，就会自动打开该网页。

（3）删除 Internet 临时文件：每次上网后，计算机都会在特定目录中保留查看过的网页内容，要删除上网后产生的这些临时文件，可选择 IE 浏览器中的“工具”|“Internet 选项”命令，在弹出的对话框中选择“常规”选项卡，然后单击“删除”按钮，在弹出的对话框中选择要删除的类型，然后单击“删除”按钮即可删除本机上的 Internet 临时文件，如图 1-9-4 所示。

（4）收藏经常使用的网站地址：对于一些用户经常使用的网站，如新闻、资料、图片、邮箱等网站的地址，打开这些网页后，选择“收藏”|“添加到收藏夹”命令，在弹出的对话框中单击“确定”按钮即可。下次访问网站时，直接单击 IE 浏览器上方的“收藏”命令，然后在弹出的菜单中选择收藏夹中相应的网站名称，即可打开相应网站的网页。

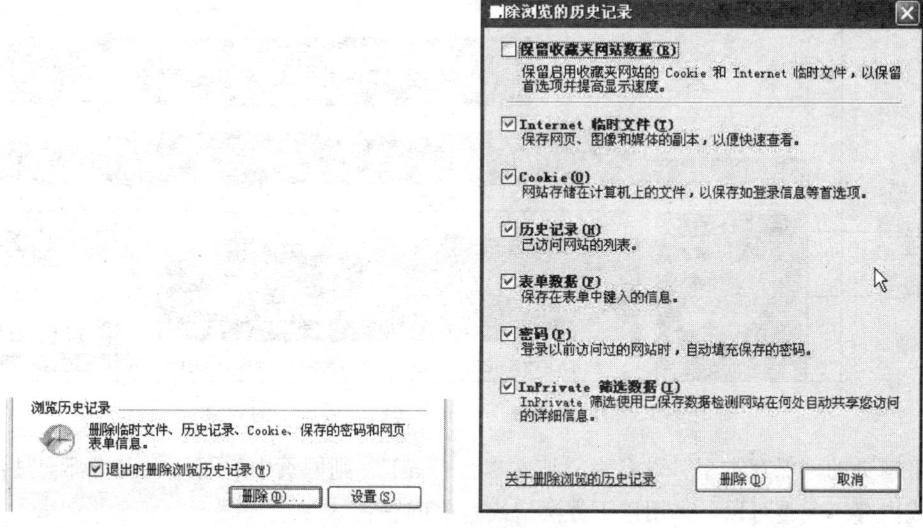

图 1-9-4　删除网页临时文件

9.2.2　保存网页文件

1. 保存网页为多个文件

在用 IE 浏览网页时，看到有用的资料，如果希望把它们保存下来，可以选择“文件”|“另存为”命令，在弹出的对话框中选择保存网页的路径与目录，然后单击“保存”按钮即可。保存的网页文件为 Web 页，文件类型为 HTML 文件。

2. 保存网页为单一文件

用以上方法保存的网页，会产生一个存放网页图片等素材的 Files 文件夹，会占据很多硬盘空间，容易导致计算机内部小文件过多，运行效率低下。

其实，保存网页的类型不止一种。选择保存类型为“Web 档案，单一文件（*.mht）”时，如图 1-9-5 所示，IE 会把网页上的所有元素，包括文字和图片集成保存在一个.mht 类型的文件中，不管把这个文件存放到哪台计算机上，打开后都是一张图文并茂的网页。

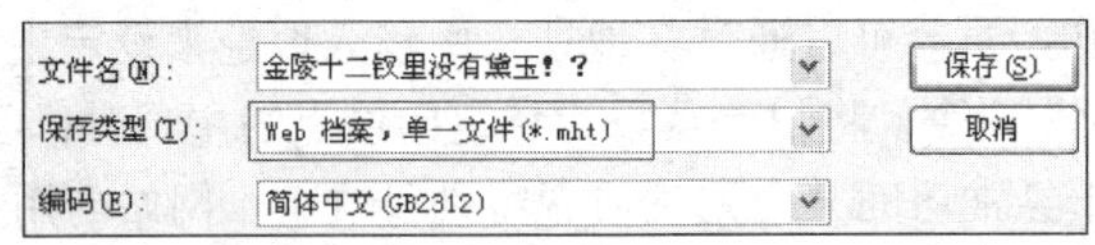

图 1-9-5　将网页保存为单一文件

3. 将网页内容复制到 Word 文档中

打开一个网页，按【Ctrl+A】组合键选中网页内容，按【Ctrl+C】组合键复制；然后打开 Word 程序，建立一个空白页文档，按【Ctrl+V】组合键即可将网页文件的内容粘贴到 Word 文档中。但网页内容与 Word 文档原有的格式、字体、行距等有很大的不同，而且网页中存在各种样式、控制符等，在 Word 中极不规范，而且很多用户不需要的信息也被粘贴过来，如图 1-9-6 所示。

图 1-9-6　将网页复制到 Word 文档中后产生的效果

若将网页的“保存类型”设置为“纯文本（*.txt）”，则网页中的图片、表格都会被清除，也会造成内容不完整可以。采用以下方法解决这些问题：

（1）打开刚刚保存的网页文本文件，按【Ctrl+A】组合键选中内容，按【Ctrl+C】组合键复制；然后打开 Word 程序，建立一个空白页文档，再按【Ctrl+V】组合键将文件内容粘贴到 Word 文档中。

（2）切换到刚刚打开的网页，选中网页中的图片或表格，按【Ctrl+C】组合键复制；然后切换到 Word 文档，将光标移到图片或表格插入处，按【Ctrl+V】组合键将图片或表格复制到 Word 文档中。

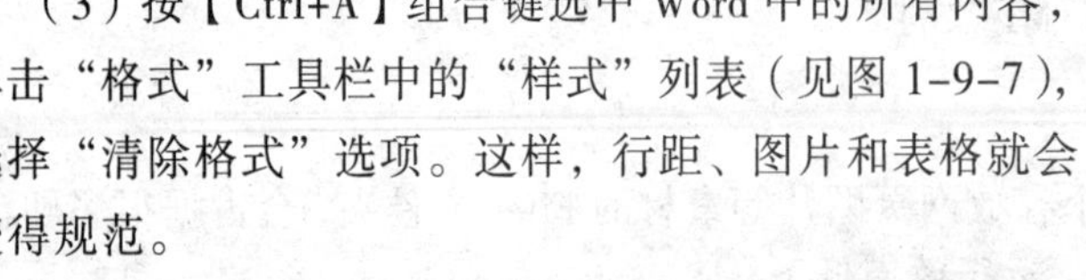

（3）按【Ctrl+A】组合键选中 Word 中的所有内容，单击“格式”工具栏中的“样式”列表（见图 1-9-7），选择“清除格式”选项。这样，行距、图片和表格就会变得规范。

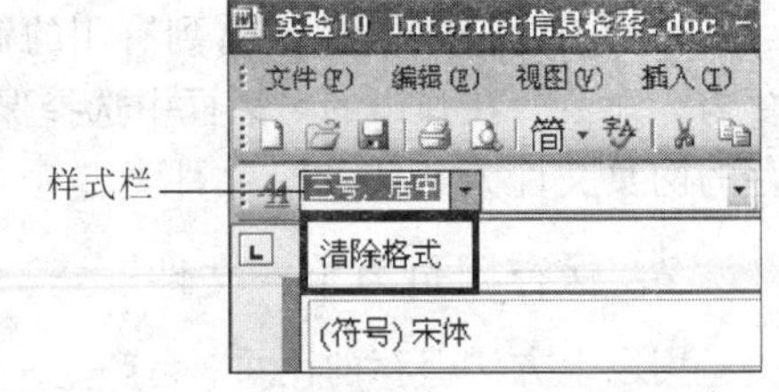

图 1-9-7　清除 Word 文档中的格式

（4）对于 Word 文档中的软回车符（见图 1-9-8），可以利用 Word 的“替换”功能清除软回车符号。选择“编辑”|“替换”命令，在弹出的“查找和替换”对话框的“查找内容”文本框中输入^l，在“替换为”文本框中输入^p，然后单击“全

部替换”按钮，如图 1-9-9 所示，即可清除文档中的全部软回车符号。

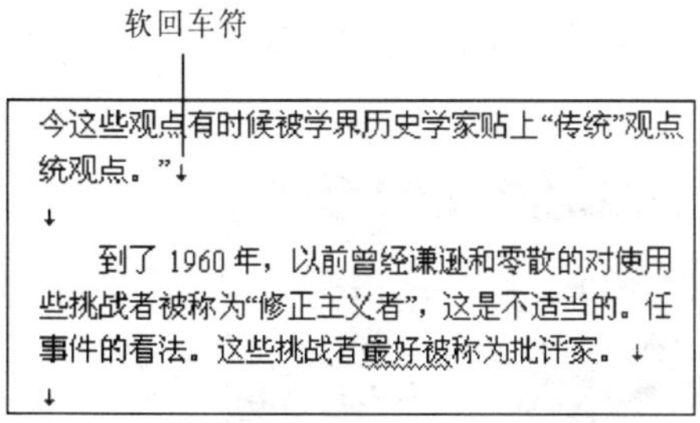

软回车符

今这些观点有时候被学界历史学家贴上“传统”观点统观点。”↓
↓
到了 1960 年，以前曾经谦逊和零散的对使用些挑战者被称为“修正主义者”，这是不适当的。任事件的看法。这些挑战者最好被称为批评家。↓
↓

图 1-9-8　有软回车符的 Word 文档

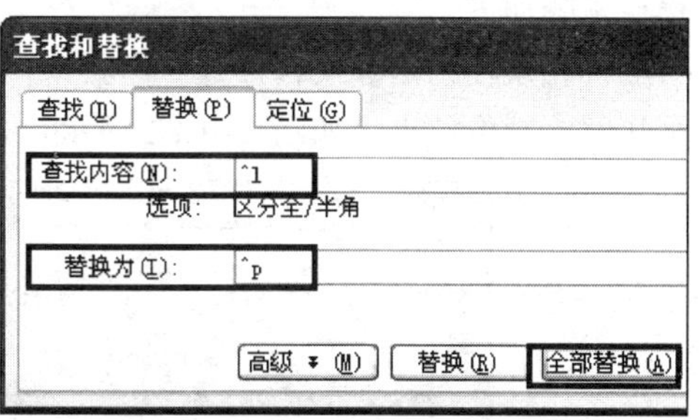

图 1-9-9　替换软回车符

9.2.3　期刊论文的检索与阅读

1. 从因特网进行期刊论文检索

中国知网是中国知识基础设施工程（CNKI）的一个重要组成部分，CNKI 是目前中文信息量规模较大的数字图书馆，内容涵盖了自然科学、工程技术、人文与社会科学期刊、博硕士论文、报纸、图书、会议论文等公共知识信息资源。

打开 IE 浏览器，在地址栏中输入 http://www.cnki.net，按【Enter】键即可进入中国知网，如图 1-9-10 所示。

图 1-9-10　CNKI 中国知网主页

由于中国知网是一个有偿服务网站，因此个人用户需要首先注册交费后才能提供期刊查询服务。有些学校和企业采用团体付费的方法，网站会会给这些团体用户提供一个用户名和密码，输入服务商提供的用户名和密码即可登录。

2. 从校园网进行期刊论文检索

大部分大学都购买了中国知网的镜像网站，教师和学生又直接从校园网登录，无需用户账号和密码。

操作步骤如下：

（1）首先从校园网登录，选择“图书馆”链接，打开“CNKI 知识网络服务平台”，即可进入中国知网的镜像站点，如图 1-9-11 所示。

图 1-9-11　CNKI 中国知网镜像站点登录界面

（2）在中国知网镜像站点“初级检索”选项区的“检索项”下拉列表中选择按“篇名”检索（见图 9-12），然后在“检索词”文本框中输入“计算机”，单击“检索”按钮，即可检索到论文名称中带有“计算机”这个关键词的论文。

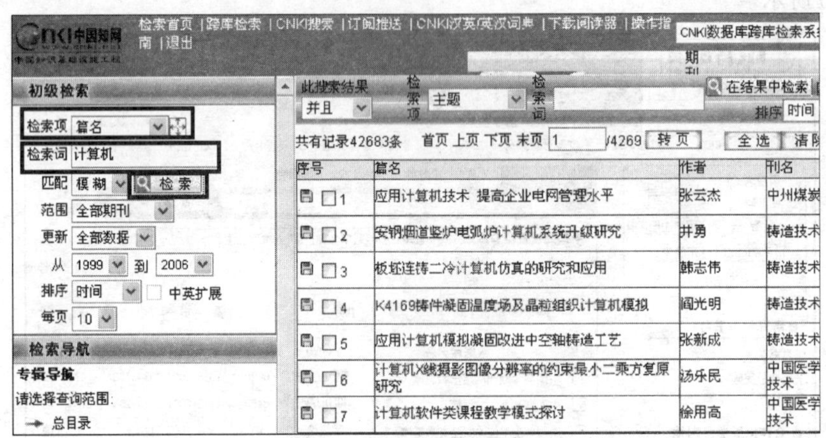

图 1-9-12　CNKI 中国知网镜像站点论文检索

（3）选择需要下载的论文，如选择列表中的《计算机软件类课程教学模式探讨》一文，如图 1-9-13 所示。在下面的信息栏中会出现这篇论文的两种存储格式，若选择 PDF 格式存储，可右击“PDF 下载”，在弹出的快捷菜单中选择“目标另存为”命令，在弹出的对话框中选择存储在硬盘中的位置，然后单击“保存”按钮，即可下载论文到本机中。

（4）中国知网的期刊论文主要以 CAJ 格式和 PDF 两种文件格式存储，因此，在用户计算机中需要预先安装好 Adobe Reader（读取 PDF 格式文件），或 CAJViewer 浏览器（读取 CAJ 格式文件）软件。

（5）下载完成后，利用 Windows 的“资源管理器”找到刚下载的论文。如果计算机中已经安装了 Adobe Reader 阅读器，双击论文文件名即可打开，如图 1-9-14 所示。

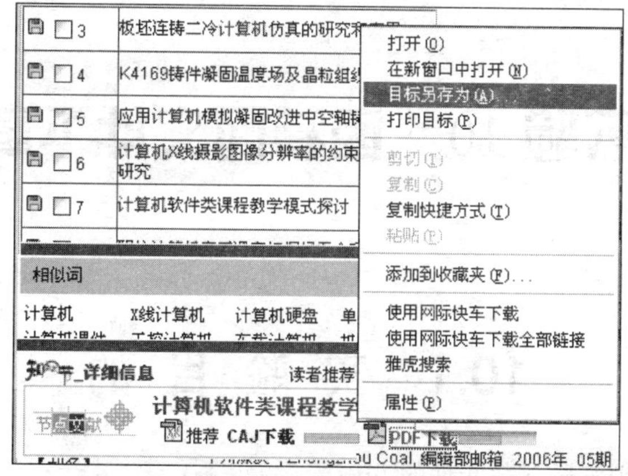

图 1-9-13　论文下载

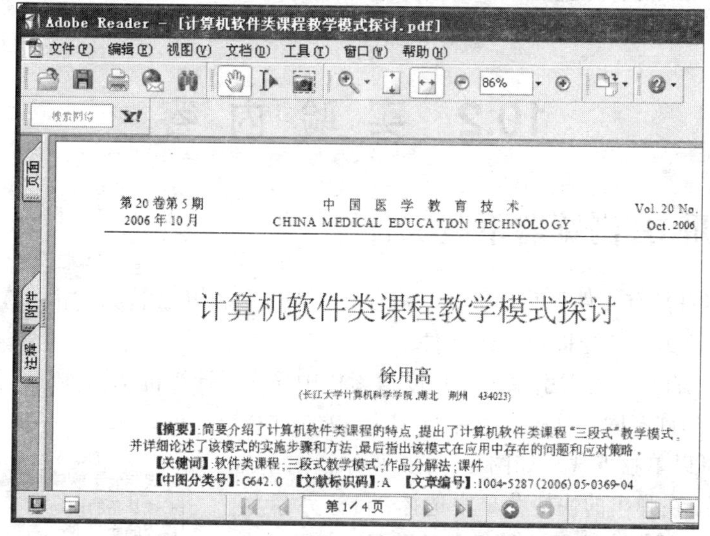

图 1-9-14　利用 Adobe Reader 阅读器查看论文

9.3　验证性实验

（1）利用 IE 浏览器查找“谷歌”搜索引擎。

（2）利用搜索引擎查找关于“北京奥运”的相关资料。

（3）查找一个带有图片的网页文件，将它们分别保存为.htm 和.mht 文件，并比较它们的不同。

（4）将一个带有文字、图片、表格的网页文件复制到 Word 文档中，并清除各种不规范的格式。

（5）搜索“中国知网”，下载一篇关于“计算机”方面的文献。

（6）在校园网的期刊站点中下载一篇关于“计算机网络”的论文（PDF 格式），并将这篇论文保存为文本文件（txt 格式）。

实验 10　因特网文件下载

10.1　实 验 目 的

（1）掌握利用 IE 浏览器下载文件的方法。

（2）掌握利用 IE 浏览器登录 FTP 站点的方法。

（3）掌握利用 FlashGet 下载文件的方法。

10.2　实 验 内 容

10.2.1　利用 IE 浏览器下载文件

IE 浏览器本身具有文件下载功能，只需要在下载文件的超链接处右击，在弹出的快捷菜单中选择“目标另存为”命令即可下载文件。

例如，打开“百度”搜索引擎，在百度搜索栏中输入“计算机文化基础”并按【Enter】键，这时百度会搜索到许多网页文件，其中标记为 PPT、DOC 或 PDF 的文件可以单独下载，如图 1–10–1 所示。右击需要下载的超链接，在弹出的快捷菜单中选择“目标另存为”命令，在弹出的对话框中选择文件保存的路径，输入文件名，单击“保存”按钮即可。

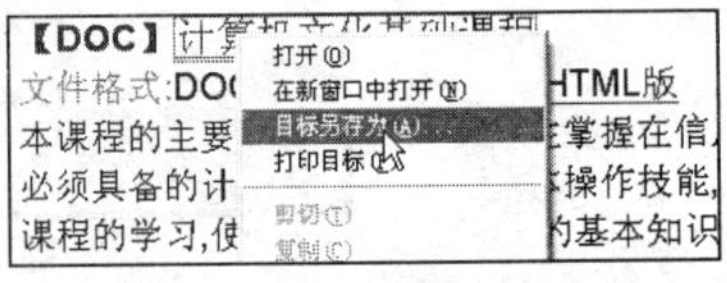

图 1–10–1　利用 IE 浏览器下载文件

10.2.2　利用 IE 进行 FTP 文件下载

FTP（文件传输协议）是因特网上用来传送文件的协议。通过 FTP 协议，可以在网络上的 FTP 服务器中进行文件的上传或下载。进行远程文件传输常常采用专门的 FTP 工具，但 IE 浏览器也具有较简单的远程传输功能。打开 IE 浏览器，在浏览器地址栏中输上 ftp://用户名:密码@FTP 服务器地址:端口号，然后按【Enter】键确认。

例如，某网站的 FTP 地址为 ftp://ftp.abc.com，用户名为 1234，密码为 4321，端口是 21；那么，在 IE 浏览器地址栏中输入 ftp://1234:4321@ftp.abc.com:21。如果正确，IE 浏览器将会弹出一个窗口，选中用户想要下载的文件并右击，在弹出的快捷菜单中选择“复制”命令，然后粘贴到本机的硬盘中即开始下载文件。不过，这种下载方法非常慢，而且很多时候会连接不上网络，但却是最为简便的方法。

以上 FTP 下载或上传需要注册用户名和密码，也有一些 FTP 站点提供了匿名 FTP 服务。匿名 FTP 指登录 FTP 服务器时，用户名采用 anonymous，口令为用户的 E-mail 地址，输入即可登录。可以看出，匿名 FTP 对任何用户都是敞开的，但登录后用户的权限很低，一般只能从服务器下载文件，而不能上传或修改服务器上的文件。

操作步骤如下：

（1）要访问微软公司的公共 FTP 站点时，可在 IE 浏览器地址栏中输入 ftp://ftp.microsoft.com，按【Enter】键后即可连接成功。浏览器界面显示出该服务器上的文件夹和文件名列表，如图 1-10-2 所示。由于微软公司的公共 FTP 站点支持匿名登录，因此不需要输入任何用户名和口令。

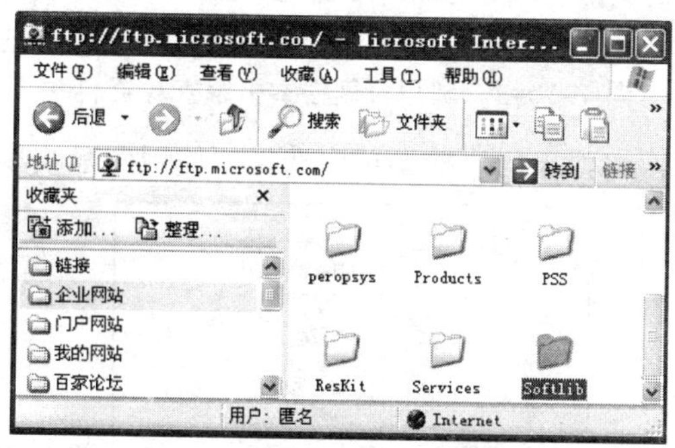

图 1-10-2　利用浏览器登录微软公司的公共 FTP 站点

（2）进入微软公司公共 FTP 站点后，打开所需的目录，选择其中的文件，按【Ctrl+C】组合键复制；然后选择本机的硬盘分区和目录，按【Ctrl+V】组合键将选择的文件粘贴到本机中。这些操作与本机不同硬盘分区复制文件完全相同，只是复制速度与网络速度有关，一般慢于本机操作。

10.2.3　利用网际快车（FlashGet）下载文件

利用 IE 浏览器下载软件虽然简单易行，但是传输速度很慢，而且文件管理不方便。最令人烦恼的是有时用户下载文件需要历时数小时，万一网络线路中断或主机出现故障，则会导致下载失败，用户只能重新下载。而下载软件一般都具有断点续传能力，允许用户从上次断线的地方继续传输，这大大减少了用户的烦恼。常用的下载软件有 FlashGet（网际快车）、BitComet（BT 下载）、CuteFTP（FTP 上传下载）等。

网际快车（FlashGet）是一款免费软件，具有以下功能：

（1）FlashGet 通过把一个文件分成几个部分同时下载，这可以成倍提高下载速度，最多可把一个软件分成 10 个线程同时下载，最多可以设定 8 个下载任务。

（2）支持镜像下载功能。FlashGet 可自动查找镜像站点，且可通过最快的站点下载。

（3）FlashGet 支持断点续传、FTP 下载等功能。

（4）支持拖动、重命名、添加描述、查找等，文件名重复时可自动重命名等。

（5）可检查文件是否更新或重新下载。

（6）下载完毕可自动挂断和关机。

（7）下载的任务可排序，重要文件可提前下载。

例如，用户下载一个计算机视频教程文件操作步骤如下：

（1）首先打开 IE 浏览器，在地址栏中输入 www.baidu.com 并按【Enter】键，如图 1-10-3 所示。单击百度搜索栏上面的 MP3 超链接，在搜索栏中输入关键词“计算机”并按【Enter】键；在弹出的页面中右击“计算机组装与维护 教学录像”超链接。

图 1-10-3 利用百度搜索引擎查找资料

（2）如图 1-10-4 所示，在弹出的快捷菜单中选择“使用网际快车下载”命令。

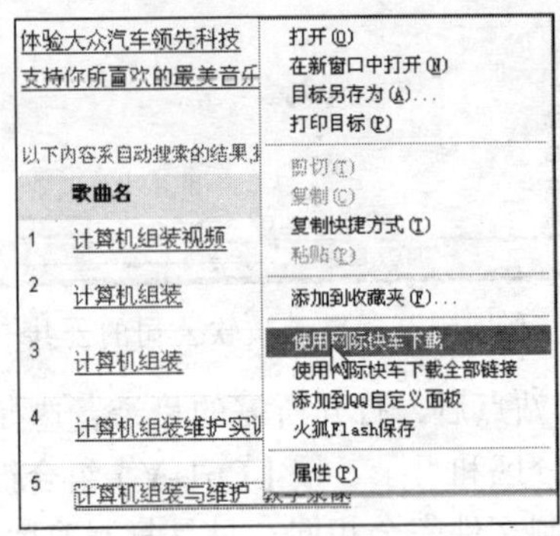

图 1-10-4 利用网际快车下载

（3）这时网际快车会自动启动，并显示图 1-10-5（a）所示的对话框，单击“确定”按钮即可进行文件下载。如果是第一次使用网际快车软件，用户需要按照图 1-10-5（b）所示进行设置，以方便使用。

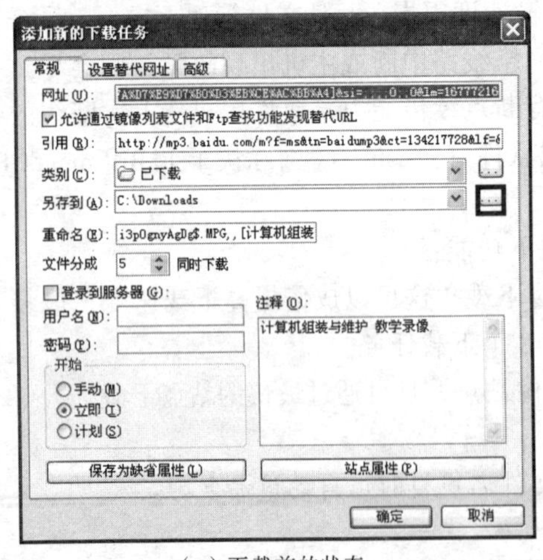

（a）下载前的状态

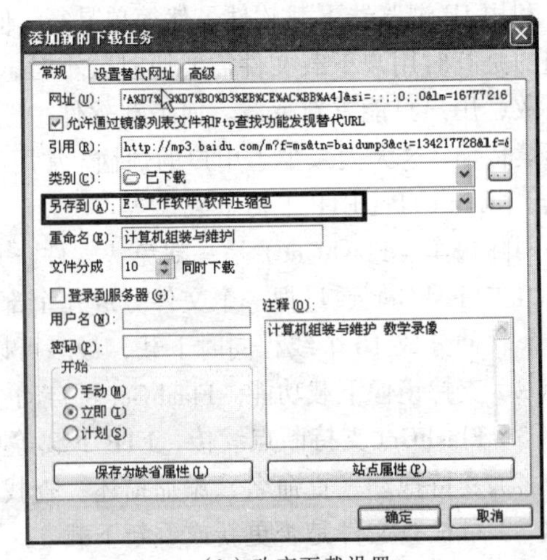

（b）改变下载设置

图 1-10-5 改变网际快车默认设置

（4）单击“另存到”下拉列表右边[...]按钮，选择下载文件的存储目录。在“重命名”文本框中输入自己容易识别的文件名，必须注意不要改变文件的扩展名。单击“文件分成”的微调按钮，将下载线程增加到 10 个，以加快下载速度。单击“保存为缺省属性”按钮，将以上修改值保存下来，以后就不需要再进行频繁设置。单击“确定”按钮，网际快车即开始下载文件，如图 1-10-6 所示。

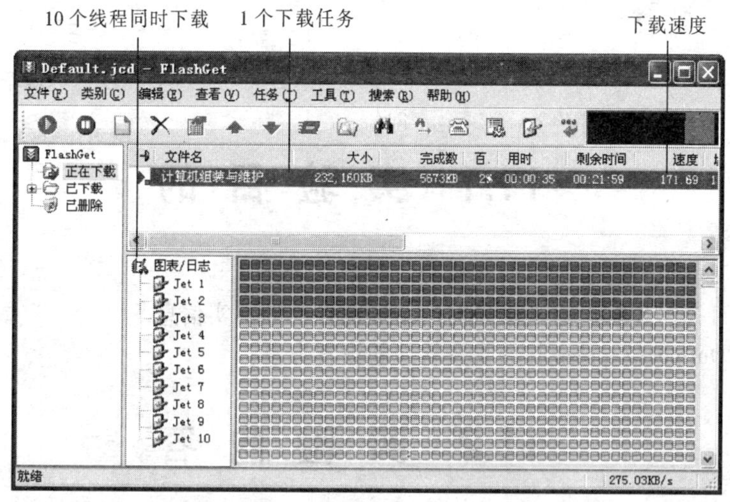

图 1-10-6 网际快车下载文件状态

10.3 验证性实验

（1）利用 IE 浏览器下载一篇 PPT 文档。

（2）利用 IE 浏览器登录微软公司的 FTP 网站。

（3）利用网际快车下载一个视频文件，将它们保存在 E:\TEST 文件夹中，并将文件名改为“计算机教学”。

实验 11　电子邮箱申请与 Outlook 设置

11.1　实　验　目　的

（1）掌握申请免费电子邮箱的方法。

（2）培养自我保护意识，不轻易向网站提供自己的真实信息。

（3）掌握 Outlook Express 邮件收发软件的设置方法。

11.2　实　验　内　容

利用电子邮件不仅可以发送文字和图片，还可以发送声音和动画。另外，速度也很快，不管收件人在世界的哪个地方，几秒钟之内即能送达。因特网上有许多提供电子邮箱服务的网站，有的是收费邮箱，有的是免费邮箱。一般说来收费邮箱容量相对较大，对邮箱的拥有者提供的服务也比较多，而免费邮箱的最大好处就是不用付费。

11.2.1　申请免费邮箱

本书以在网易申请一个免费电子邮箱为例说明邮箱的申请过程。必须注意，在申请邮箱过程中，不要泄漏自己的住址、单位、生日、电话号码、身份证号码等敏感资料。

操作步骤如下：

（1）搜索免费电子邮箱。利用搜索引擎，在搜索栏内输入“免费电子邮箱”的关键字，找到提供免费电子邮箱服务的网站。国内提供免费电子信箱的网站有网易（163 免费电子邮箱）、搜狐（Sohu 免费电子邮箱）、新浪（Sina 免费电子邮箱）等，国外进入中国提供免费中文电子信箱服务的网站有 Gmail、微软（Hotmail 免费电子邮箱）、雅虎（Yahoo 免费电子邮箱）等。

（2）注册免费电子邮箱。打开 IE 浏览器，在地址栏中输入 http://mail.163.com，并按【Enter】键。单击网页中“注册 3G 免费邮箱”按钮，如图 1-11-1 所示，阅读“网易通行证服务条款”，单击“我接受”按钮。

（3）在“通用证用户名”文本框中输入“用户名”，网站都注明了填写用户名的规则（主要是英文字母+数字）。这个用户名即是用户邮箱申请成功后，用来登录邮箱的用户账号。用户名@服务器名就是用户的电子邮件地址。用户名应当尽量简单明了，以便于收件人记忆。然后输入登录密码、密码提示问题、安全码后，单击“提交表单”按钮。然后填写“个人资料”，单击“提交表单”命令。这时免费邮箱即申请成功。

（4）测试免费邮箱。免费电子邮箱注册成功后，登录已经申请的邮箱。然后单击“写信”

按钮（见图 1-11-2），在邮件地址栏中输入申请的电子邮件地址，然后写好信件主题、信件内容、选中“发送时同时保存到[已发送]”复选框，然后单击“发送”按钮，先给自己发一封信。稍等片刻后，单击“收信”按钮，如果能够正确收到邮件，说明邮箱已经申请成功。

说明：由于网络经常会更新页面，但操作步骤基本相同。

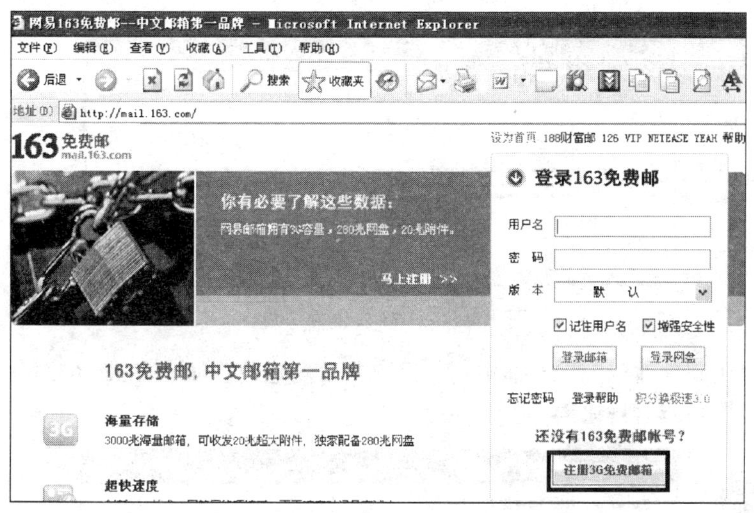

图 1-11-1　注册免费电子邮箱

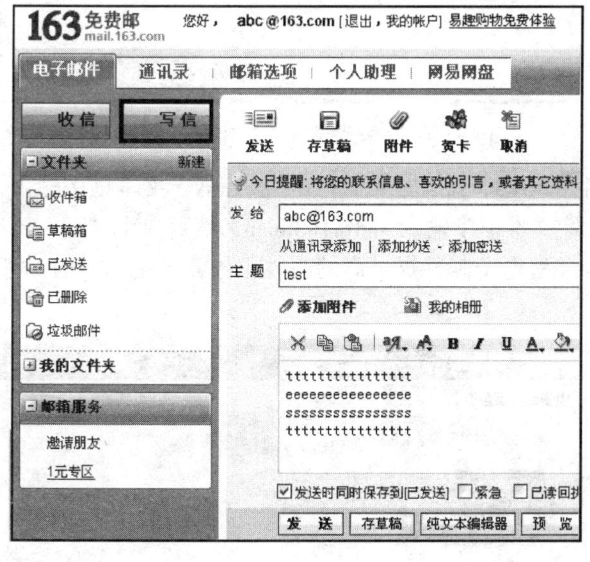

图 1-11-2　利用电子邮箱写信

11.2.2　利用 Outlook 收发电子邮件

以网页方式收发电子邮件时，每次都必须进行邮件首页登录，输入用户名、密码等操作，显得有些麻烦。如果利用 Windows 自带的 Outlook 收发邮件，就可免去这些操作。本书以 163 的免费邮箱为例，说明 Outlook 的设置和使用方法。

1. Outlook 基本设置

操作步骤如下：

（1）选择“开始”|“Outlook Express”命令，弹出“Internet 连接向导”对话框，在“显示名”文本框中输入“跳跳虎 163 邮箱”，如图 1-11-3 所示，这个姓名将出现在以后所发送邮件的“发件人”一栏，然后单击“下一步”按钮。

图 1-11-3　输入发件人姓名

（2）在“电子邮件地址”文本框中输入用户的邮箱地址，如 ttf888@163.com，如图 1-11-4 所示，再单击“下一步”按钮。

图 1-11-4　输入发件人的电子邮箱地址

（3）在“接收邮件（POP3，IMAP 或 HTTP）服务器”文本框中输入 pop.163.com，在“发送邮件服务器（SMTP）”文本框中输入 smtp.163.com，然后单击“下一步”按钮，如图 1-11-5 所示。必须注意，每个免费电子邮件提供商的邮件服务器名是不同的，可以在免费电子邮件网页的帮助文件中找到。

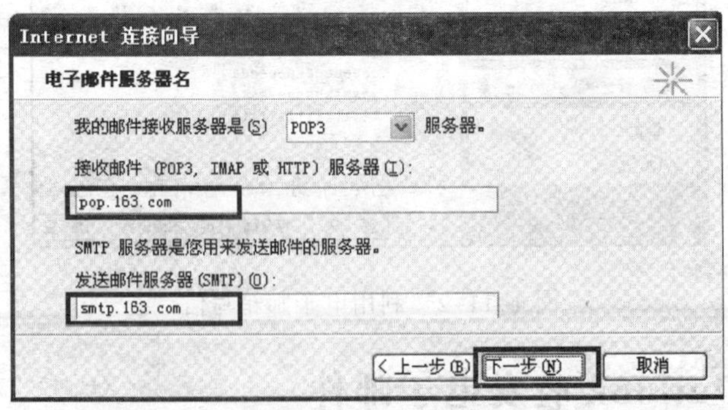

图 1-11-5　输入收发邮件服务器的域名

（4）在“账户名”文本框中输入 163 免费邮件的账户名，在“密码”文本框中输入用户的邮箱密码，选中“记住密码”复选框（见图 1-11-6），这样，以后每次收发邮件时可免去输入账户名和密码，然后单击“下一步”按钮。再单击“完成”按钮，邮箱设置基本完成。

2. Outlook 属性设置

操作步骤如下：

（1）在 Outlook 主界面中选择“工具”|“账号”命令，在弹出的对话框中选择“邮件”选项卡，选择刚才设置的账号，单击“属性”按钮，如图 1-11-7 所示。

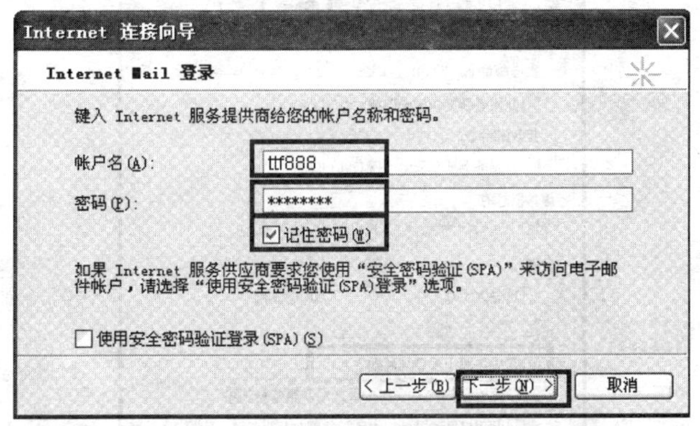

图 1-11-6 输入账户名和密码

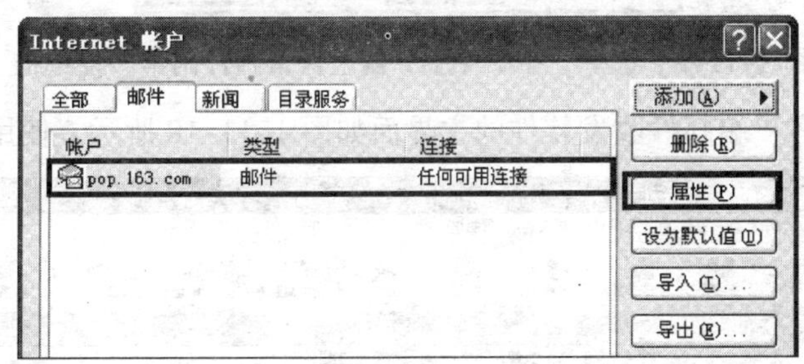

图 1-11-7 “邮件”选项卡

（2）弹出属性设置对话框，选择“服务器”选项卡，选中“我的服务器要求身份验证”复选框，如图 1-11-8 所示，单击“应用”按钮。

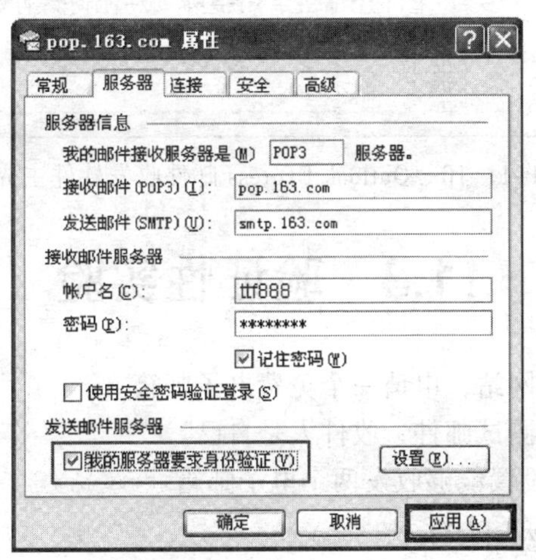

图 1-11-8 选择身份验证

（3）由于目前免费邮箱都足够大，因此用户可以将邮件副本保留在邮件服务器上，以防用户主机出现问题时，还有邮件副本可以使用。选择“高级”选项卡，选中“在服务器上保留邮件副本”复选框，如图 1-11-9 所示，单击“应用”和“确定”按钮。此时已经全部完成了 Outlook 客户端配置。

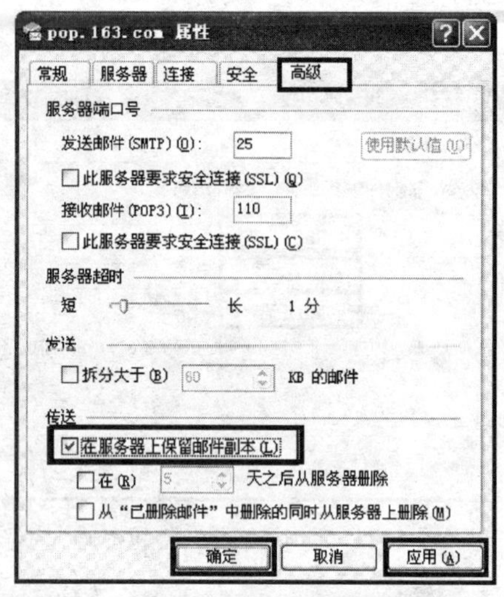

图 1-11-9　选择“在邮件服务器上保留邮件副本”复选框

Outlook Express 客户端邮件收发软件的主界面如图 1-11-10 所示，使用非常简单方便。

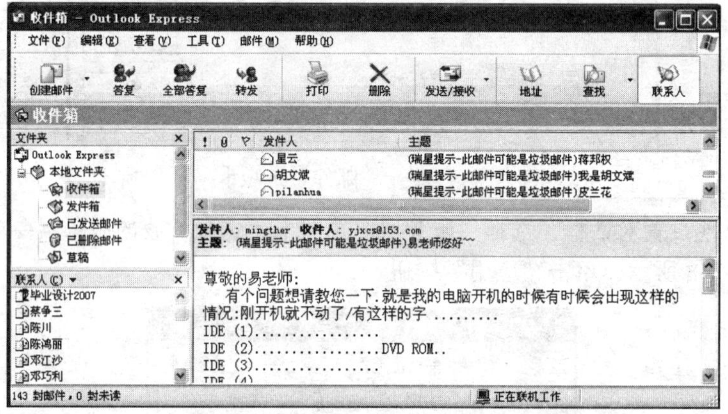

图 1-11-10　Outlook Express 邮件收发软件主界面

11.3　验证性实验

（1）搜索免费电子邮件网站，申请一个免费电子邮箱。

（2）发送一封带附件的测试邮件，收件人是自己。

（3）在 Outlook 中进行设置能够收发两个电子邮箱。

（4）在 Outlook 中设置联系人组。

实验 12　网络安全防护

12.1　实 验 目 的

（1）掌握检查系统漏洞的方法。

（2）掌握修复系统漏洞的方法。

（3）掌握 Windows 防火墙设置和检测的方法。

12.2　实 验 内 容

在现在的网络环境中，威胁无处不在。每个计算机系统都有漏洞，不论用户在系统安全上投入多少财力，攻击者仍然可以发现一些可利用的特征和系统缺陷。对于计算机用户来说，这实在是个不利的消息。但是，大多数攻击者通常是发现一个已知的漏洞远比发现一个未知的漏洞要容易得多。这就意味着多数攻击者所利用的都是常见的漏洞，这些漏洞均有资料记载。采用适当的漏洞扫描工具，就能在黑客利用这些常见漏洞之前，查出计算机系统的薄弱之处。计算机安全管理人员在使用漏洞扫描工具的同时，黑客们也在利用这些工具来发现各种类型的系统和网络的漏洞。为了保证系统安全，防范黑客攻击，第一件事就是在黑客发动攻击之前，发现网络和系统中的漏洞并及时修复它们。

12.2.1　系统漏洞扫描

1）瑞星个人防火墙扫描系统

如果计算机没有安装瑞星个人防火墙，可以从网络上下载一个瑞星个人防火墙试用版软件，然后进行安装。选择“开始”|“所有程序”|“瑞星个人防火墙”命令，在弹出的界面中选择“瑞星个人防火墙主程序”，弹出瑞星个人防火墙主界面（见图 1-12-1），选择“漏洞扫描”选项卡，单击“开始扫描”按钮。扫描完成后，单击窗口左边的目录树，即可看到计算机系统中存在的漏洞。

2）X-Scan 漏洞扫描软件

X-Scan 是国内最著名的漏洞综合扫描器之一，是一个免费的软件，无需注册，无需安装（解压缩即可运行）。X-Scan 软件主要由国内著名的民间组织“安全焦点”设计完成，从 2000 年的内部测试版到目前的最新版本，凝聚了国内众多学者的心血。

X-Scan 可运行于 Windows 系列操作系统。X-Scan 界面支持中文和英文两种语言，支持图形界面和命令行方式。X-Scan 采用多线程方式对指定的 IP 地址段（或单机）进行安全漏洞检测。扫描内容包括远程服务类型、操作系统类型及版本，各种弱口令漏洞、后门、应用服务漏洞、网络设备漏洞、拒绝服务漏洞等二十几个大类。对于多数已知漏洞，都给出了相应的漏洞描述、解决方案及详细描述链接。X-Scan 把扫描报告与“安全焦点”网站相连接，对扫描到的每个漏洞进行“风险等级”评估，并提供漏洞描述、漏洞溢出程序，方便网管测试、修补漏洞。X-Scan 还提供了简单的插件开发包，便于有编程基础的用户编写代码，并修改为 X-Scan 插件。

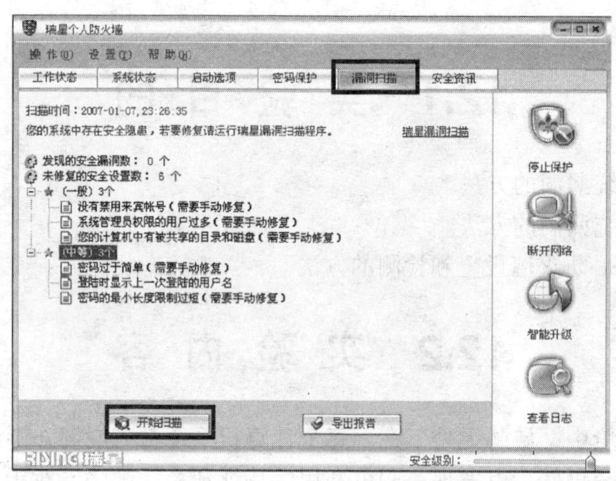

图 1-12-1　利用瑞星个人防火墙软件扫描系统漏洞

操作步骤如下：

（1）利用“百度”搜索在因特网上以 X-Scan 为关键词进行搜索，查找可以下载 X-Scan 软件的网站，然后利用网际快车等下载软件将 X-Scan 下载到本机中。

（2）利用 WinRAR 软件，解压缩下载的 X-Scan 软件包。

（3）进入解压缩后的 X-Scan 子目录，双击 xscan_gui.exe 文件名，X-Scan 即开始运行。

（4）选择“文件”|“开始扫描”命令，或单击“常用”工具栏中的“开始扫描”按钮，这时 X-Scan 开始加载测试脚本，加载完成后，即开始进行攻击测试，如图 1-12-2 所示。

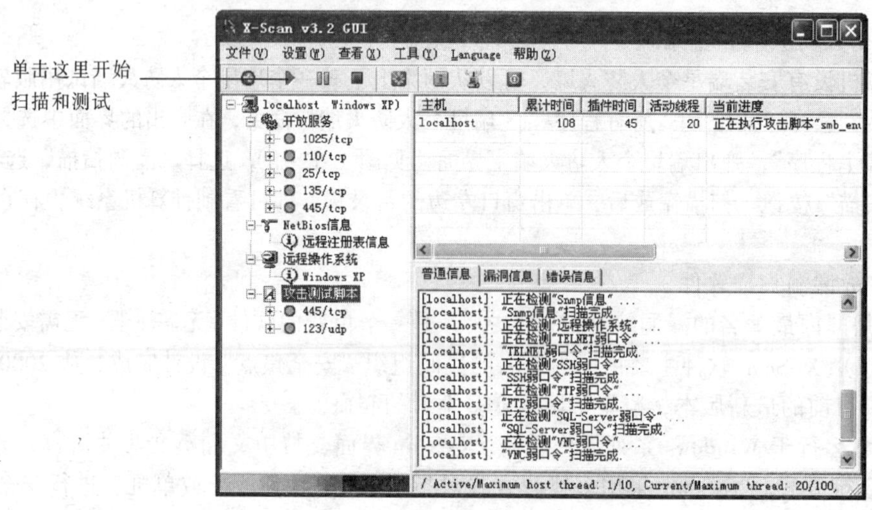

图 1-12-2　利用 X-Scan 软件扫描系统漏洞

（5）如果用户的计算机安装了防火墙软件，防火墙可能会提示用户遇到攻击，此时应当允许 X-Scan 进行攻击测试，或关闭防火墙软件。

（6）测试完成后，X-Scan 会给出一个测试报告，如图 1-12-3 所示。

本报表列出了被检测主机的详细漏洞信息，请根据提示信息或链接内容进行相应修补。欢迎参与本翻译项目

扫描时间
2007-1-8 下午 12:23:18 - 2007-1-8 下午 12:28:54

检测结果	
存活主机	1
漏洞数量	0
警告数量	1
提示数量	14

主机列表	
主机	检测结果
localhost	发现安全警告
主机摘要 - OS: Windows XP; PORT/TCP: 25, 110, 135, 445, 1025	

[返回顶部]

安全漏洞及解决方案: localhost

类型	端口/服务	安全漏洞及解决方案
提示	network blackjack (1025/tcp)	The service closed the connection after 0 seconds without sending any data It might be protected by some TCP wrapper NESSUS_ID : 10330
提示	pop3 (110/tcp)	The service closed the connection after 1 seconds without sending any data It might be protected by some TCP wrapper NESSUS_ID : 10330
提示	smtp (25/tcp)	The service closed the connection after 1 seconds without sending any data It might be protected by some TCP wrapper NESSUS_ID : 10330
提示	epmap (135/tcp)	Maybe the "epmap" service running on this port.

图 1-12-3　X-Scan 系统扫描报告

12.2.2　修补 Windows 系统漏洞

1. 利用自动更新修补系统漏洞

微软公司对 Windows 2000/XP/2003 系统用户提供了“自动更新”服务，自动更新的主要功能是对 Windows 系统安全漏洞进行修补，以及对系统兼容性问题进行修补。系统更新设置如下。

操作步骤如下：

（1）登录 Windows 系统，选择“开始”|“控制面板”命令，双击“自动更新”选项，弹出“自动更新”对话框，设置所需要的更新方式，如图 1-12-4 所示。

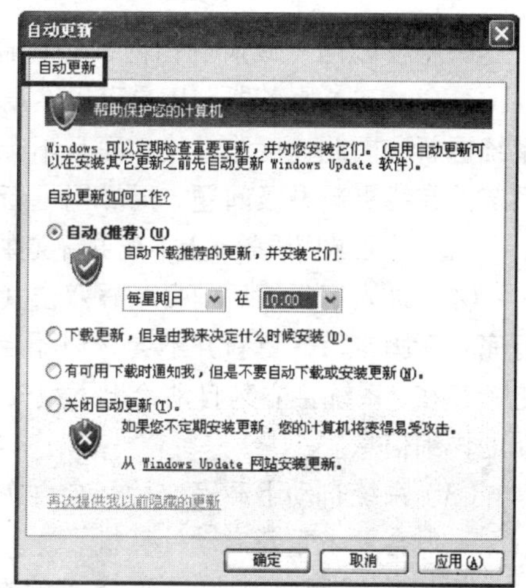

图 1-12-4　设置 Windows 系统自动更新

（2）计算机必须在计划安装更新的时间处于打开状态，且能连接因特网。Windows 系统将会识别何时联机，并在 Windows Update 站点中查找适合用户计算机的更新文件。“自动更新”会在后台将有关的补丁下载至本地硬盘，在下载过程中，用户不会收到通知或工作被打断。在下载更新的过程中，任务栏的通知区域中会出现一个图标，用户可以查看下载状态。若要暂停或继续下载，可右击该图标，在弹出的快捷菜单

中选择“暂停”或“继续”按钮。下载完成后，通知区域中会出现另一条消息，以便用户检查计划安装的更新。系统自动安装完成更新组件后，Windows 会提示用户重新启动计算机，系统在得到提示时重新启动计算机；否则，计算机可能无法正常工作。

（3）自动更新的文件下载在本机 C:\WINDOWS\softwaredistribution\download 文件夹中，也有一些下载在 C:\WINDOWS\文件夹下，打开隐藏文件属性，以$开头、$结尾的文件和文件夹都是下载的更新文件。更新完成后，可以手工删除这些文件而不会引起系统故障；如果硬盘空间足够，最好保留这些文件。

（4）在更新时应当注意，用户必须以管理员或管理员组成员的身份登录。如果用户的计算机已联在局域网中，则网络管理员的网络策略设置可能禁止用户完成这些操作。

2．利用 Windows Update 站点手工修补系统漏洞

如果用户选择不使用自动更新，可以关闭“自动更新”功能，也可以手动方式从 Windows Update Web 网站下载更新补丁程序包，然后进行手工更新。Windows Update 是一个补丁程序目录，用户可以免费下载其中的程序，这些产品包括驱动程序、安全修复程序、关键更新、最新的帮助文件以及 Internet 产品等。通过 Windows Update 站点更新系统的操作步骤如下：

（1）启动 IE 浏览器，选择“工具”| Windows Update 命令。如果系统提示安装任何所需的 Windows Update 软件，单击“是”按钮。

（2）在 Windows Update 主页上，有“快速”和“有定义”两个按钮供选择。单击“快速”按钮，获取高优先级程序（推荐）。Windows Update 将自动查找任何适合用户计算机的最新更新程序并显示出来。单击“自定义”按钮，从适用于 Windows 和其他程序的可选更新程序和高优先级更新程序中选择。

（3）单击“快速”或“自定义”按钮后，Windows Update 将自动查找适用于用户的更新程序，单击左侧的“安装更新程序”按钮即可安装。

用户也可以搜索 Windows Update 目录，以查找可以下载的更新，并随后将它们安装到家庭或公司网络中一台或多台正在运行的计算机上。建议只让高级用户和管理员从 Windows Update 目录下载更新。

3．利用局域网“系统更新服务”修补漏洞

一些校园网、政府部门网、企业局域网安装了微软公司提供的 Microsoft Software Update Services（SUS）服务器，用户可以在局域网中直接更新和修补系统漏洞。由于在局域网中进行系统更新，因此速度非常快，而且不会产生国际流量。也解决了不能激活的 Windows XP/2003 系统的在线更新升级问题。局域网更新的方法如下：

（1）从局域网服务器上下载更新文件（如 update），然后将文件解压缩到本地硬盘任一目录下。

（2）进入解压缩后的目录，双击其中的更新文件即可（如 update.bat）。必须注意，一般运行完更新脚本后，更新并不会立刻开始，需要等待一段时间（30 分钟以内），一旦发现有新的更新存在，系统会立刻自动给出下载安装的提示（屏幕右下角会冒出来一个图标），以及各种更新的详细信息。

（3）系统自动下载完成后，会再次询问用户是否安装，单击“安装”按钮即可。安装完成后，一般会要求重新启动计算机。

使用局域网更新与微软公司的在线升级并无冲突，用户仍可以随时访问 http://www.windowsupdate. com 来进行在线升级。

12.2.3　利用防火墙进行安全防护

微软公司在 Windows XP Service Pack 2（SP2）中增加了 Windows 防火墙功能。在默认状态下，防火墙在所有的网卡界面均为开启状态。

Windows XP SP2 防火墙对于使用 IE 浏览器、Outlook Express 电子邮件系统等自带的网络应用程序，是默认且不干预的。

Windows XP SP2 防火墙与第三方防火墙软件的区别在于，Windows 防火墙只阻截所有传入的、未经请求的流量，对主动请求传出的流量不作理会。而第三方病毒防火墙软件一般都会对两个方向的访问进行监控和审核，这一点是它们之间最大的区别。如果在计算机中入侵已经发生或间谍软件已经安装，并主动连接到外部网络，那么 Windows 防火墙是束手无策的。不过由于攻击多来自外部，而且，如果间谍软件偷偷自动开放端口来让外部请求连接，那么 Windows 防火墙会立刻阻断连接并弹出安全警告，所以普通用户不必太过担心。这就好像宾馆里的房门一样，外面的人要进入必须用钥匙开门，而屋里的人要出门，只要拉一下门把手就可以了。

1. 启用 Windows XP SP2 防火墙功能

登录 Windows 系统后，选择“开始”|“控制面板”命令，双击“安全中心”选项，在弹出的“安全中心”窗口中单击用户所需要的设置方式，如图 1-12-5 所示。

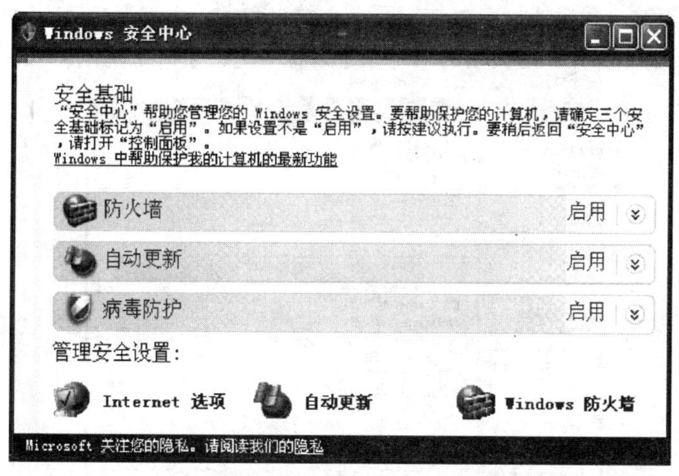

图 1-12-5　Windows 安全中心设置

2. 设置允许通过防火墙进行外部访问的程序

操作步骤如下：

（1）如图 1-12-5 所示，单击“Windows 防火墙”超链接，在弹出现的窗口中选择“例外”选项卡，如图 1-12-6 所示，选中允许进行因特网访问的程序，如果不允许某个程序进行因特网访问，取消选中程序即可。Windows 防火墙将会拦截不允许连接到用户计算机的网络请求，包括在“例外”选项卡“名称”列表框中没有选中的应用程序和系统服务。使用“不允许例外”选项的 Windows 防火墙比较适用于连接在公共网络上的个人计算机，如学校机房、宾馆和机场公共场所使用的计算机。即使用户使用了“不允许例外”选项的 Windows 防火墙，用户仍然可以浏览网页，发送接受电子邮件，或使用即时通信软件（如 QQ、MSN）。

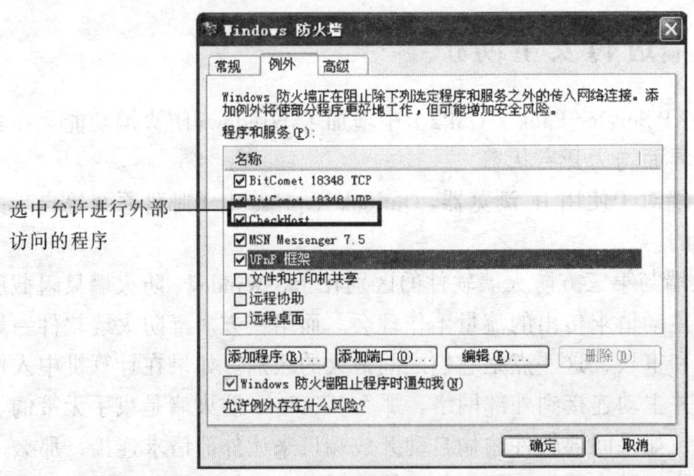

图 1-12-6　Windows 防火墙允许外部访问程序设置

（2）在“例外”选项卡中，用户可以启用或禁用一个现有的程序或服务，或者定义例外通信的程序和服务列表。在“常规”选项卡中选中“不允许例外”复选框后，例外通信将不允许被执行。

（3）如果用户希望网络中（防火墙外）的其他计算机用户能够访问用户的某个特定程序或服务，而用户又不知道这个程序或服务将使用哪一个端口和哪一类型端口，这种情况下可以将这个程序或者服务添加到 Windows 防火墙的例外项中以保证它能被外部访问，如图 1-12-7 所示。

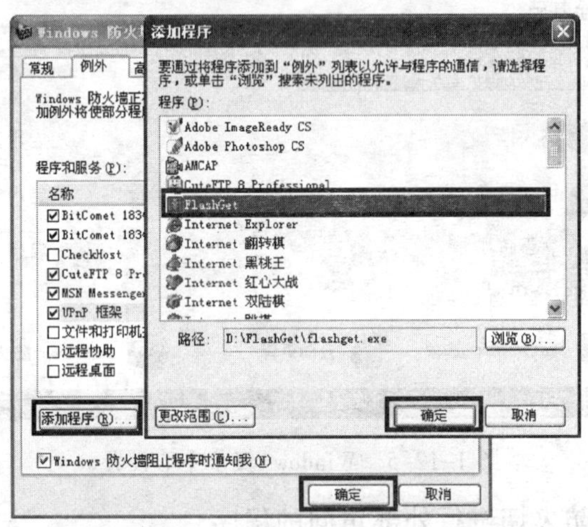

图 1-12-7　在 Windows 防火墙中添加允许外部访问的程序

3. 检查 Windows 防火墙设置

Windows 防火墙默认设定为阻止所有端口，意味着服务器到客户机的应用将无法到达客户端。这种情况下，可以通过 Windows 防火墙检测命令检查防火墙的设置情况。

Windows 防火墙的配置和状态信息可以利用 Netsh.exe 命令进行检测和设置。

操作步骤如下：

（1）选择“开始”|“运行”命令，弹出“运行”对话框，输入 cmd 按【Enter】键，进入命令提示符窗口。

（2）在命令提示符窗口下输入 netsh firewall 后按【Enter】键，会提示所有 Windows 防火墙检测和设置命令。

（3）在命令提示符窗口下输入 netsh firewall show state 后按【Enter】键，窗口会显示 Windows 防火墙的设置状态，如图 1-12-8 所示。

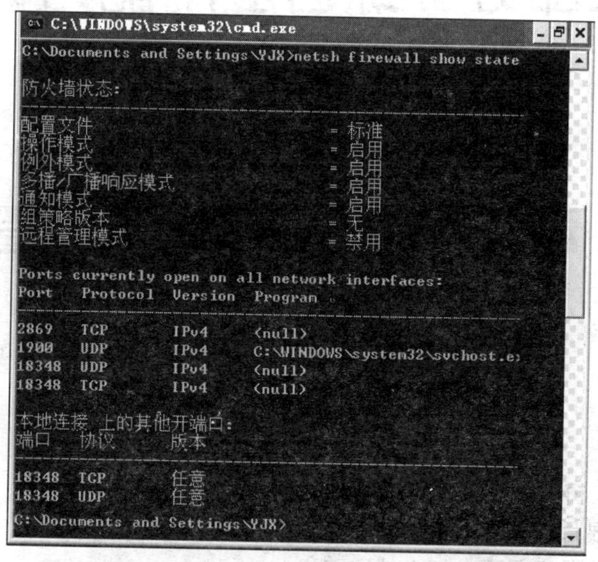

图 1-12-8　Windows 防火墙设置状态

12.3　验证性实验

（1）下载 X-Scan 漏洞扫描软件，并利用它进行系统漏洞扫描。

（2）设置 Windows XP 防火墙功能。

（3）在命令提示符下检测本机的防火墙设置。

第二部分　综合应用能力训练

第 1 章　Windows XP 文件管理

练习一

在“资源管理器”窗口中依次进行下列操作：

（1）首先在 D 盘根目录下建立两个新文件夹 document 和 picture。

（2）在 C 盘根目录下建立两个新文件 ok.doc 与 pic1.bmp。

（3）将 C 盘根目录下的文件 ok.doc 复制到 D 盘的 document 文件夹下。

（4）将 D 盘 document 文件夹下的文件 ok.doc 重命名为 myok.doc，并设置为只读属性。

（5）将 C 盘根目录下的文件 pic1.bmp 移动到 D 盘 picture 文件夹下，并重命名为 pic1.jpg。

（6）删除 C 盘根目录下的文件 ok.doc。

（7）搜索 D 盘内扩展名为.bmp，且文件大小最多为 800 KB 的文件，并将搜索到的文件全部复制到 D 盘 picture 文件夹下。

（8）将 D 盘 picture 文件夹内的文件按文件大小降序排列。

（9）恢复第 6 步删除的文件 ok.doc。

练习二

（1）新建文件和文件夹，结构如下：

① E:\DOWN\MUSIC\MP3。

② E:\教案\大学计算机基础\PPT\第 1 章.ppt。

（2）复制文件。将“E:\教案\大学计算机基础\PPT”文件夹下的“第 1 章.ppt”复制到“我的文档”文件夹下。

（3）移动文件和文件夹。将“E:\教案”下的“大学计算机基础”文件夹移动到 D 盘根目录下。

（4）设置文件和文件夹属性：

① 将“D:\大学计算机基础\PPT\第 1 章.ppt”文件属性设置为“只读”。

② 将 E:\DOWN\MUSIC 文件夹下的 MP3 文件夹属性设置为“隐藏”。

（5）重命名。将 E:\DOWN 下的 MUSIC 文件夹重命名为 MY MUSIC。

第2章　Word 图文混排

练习一

1．样文（见图 2-2-1）

duànliành é jūnh éngy ǐnsh í sh ǐ x ǐnz àngb ǎoch í ni ánq íng

锻炼和均衡饮食使心脏保持年轻

在9月24日世界心脏日到来之际，世界心脏联盟专家提醒人们注意心脏健康保护，并介绍了使心脏保持年轻的三要素：锻炼身体、健康饮食和戒烟。世界心脏联盟专家指出，研究表明，锻炼身体、健康饮食和戒烟可使心脏病和中风发病率降低80%，并有助于心脏保持健康。

锻炼身体对保持心脏健康最为重要。研究显示，每周跑步1小时或更长时间可使患心脏病的风险降低42%；每天快走30分钟可使患心脏病的风险降低18%并可使患中风的风险降低11%。

均衡饮食对保持一颗健康心脏也很重要。均衡饮食包括食用大量水果、蔬菜、谷物、瘦肉、鱼、豆类以及低脂和脱脂食品。

另外，戒烟也有助于使心脏保持年轻。因为戒烟能维持“好”胆固醇水平，降低血凝固水平，降低血管突然阻塞的几率。

图 2-2-1　样文 1

2．要求

（1）标题字体为华文新魏，小一号字，居中对齐，加拼音。

（2）正文第 1 段左缩进 4 个字符，悬挂缩进 2 个字符，段前间距 1.2 行，段后间距 12 磅，行距 20 磅。

（3）在正文第 1 段后插入一张“心脏”剪贴画，设置图片格式大小为缩放 30%，四周型环绕，并置于段落右侧。

（4）正文第 2～4 段首行缩进 2 字符，1.5 倍行距，左对齐；分 3 栏显示，加分隔线。

（5）正文第 1 段中“锻炼身体、健康饮食和戒烟”字体设为华文彩云、红色，字符间距加宽 2 磅，文字效果为乌龙绞柱。

（6）设置正文第 2～4 段中“心脏”字体为幼圆、蓝色、加粗；加方框，要求：红色、1.5 磅；底纹为灰色-20%。

练习二

1．样文（见图 2-2-2）

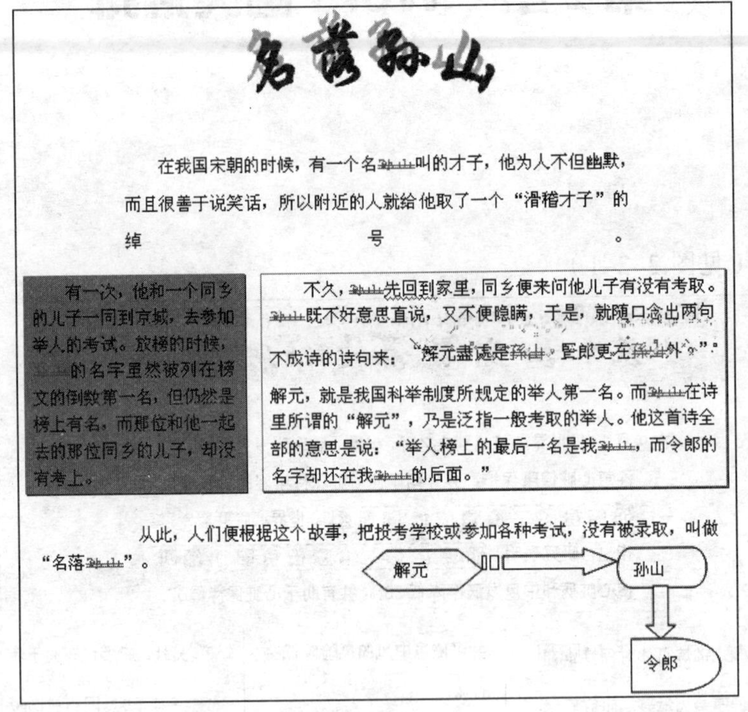

图 2-2-2　样文 2

2．要求

（1）将标题设为艺术字：式样为艺术字库中的第 1 行第 3 列，华文楷体，上下型环绕，下方距正文 0.5 厘米，添加阴影样式 1，居中对齐。

（2）正文第 1 段左缩进 5 厘米，右缩进 2 个字符，首行缩进 2 个字符，1.4 倍行距，分散对齐。

（3）正文第 2、3 段，首行缩进 2 个字符，段后间距 0.5 行；加橘黄色、1 磅宽的阴影方框；分二栏、偏左。第 2 段添加底纹，图案样式为 12.5%；图案颜色为淡紫色。

（4）正文第 4 段，段前间距 1 行，首行缩进 6 个字符，左对齐。

（5）将正文中“孙山”两字替换为隶书、红色、加双删除线。正文第 3 段中“解元尽处是孙山，贤郎更在孙山外。”改为繁体，位置提升 3 磅，文字效果为礼花绽放。

（6）在正文第 4 段末插入流程图，组合图形，四周型环绕，右对齐。

练习三

1．样文（见图 2-2-3）

2．要求

（1）标题设为艺术字，式样为艺术字库中的第 4 行第 4 列，字体为华文新魏，四周型环绕，水平居中对齐。

㊖晋时代，秦王苻坚控制了北部中国。公元383年，苻坚率领步兵、骑兵90万，攻打江南的晋朝。晋军大将谢石、谢玄领兵8万前去抵抗。苻坚得知晋军兵力不足，就想以多胜少，抓住机会，迅速出击。

谁料，苻坚的先锋部队25万在寿春一带被晋军出奇击败，损失惨重，大将被杀，士兵死伤万余。秦军的锐气大挫，军心动摇，士兵惊恐万状，纷纷逃跑。此时，苻坚在寿春城上望见晋军队伍严整，士气高昂，再北望八公山，只见山上一草一木都像晋军的士兵一样。苻坚回过头对弟弟说："这是多么强大的敌人啊！怎么能说晋军兵力不足呢？"他后悔自己过于轻敌了。

出师不利给苻坚心头蒙上了不祥的阴影，他令部队靠淝水北岸布阵，企图凭借地理优势扭转战局。这时晋军将领谢玄提出要求，要秦军稍往后退，让出一点地方，以便渡河作战。苻坚暗笑晋军将领不懂作战常识，想利用晋军忙于渡河难于作战之机，给它来个突然袭击，于是欣然接受了晋军的请求。

谁知，后退的军令一下，秦军如潮水一般溃不成军，而晋军则趁势渡河追击，把秦军杀得丢盔弃甲，尸横遍地。苻坚中箭而逃。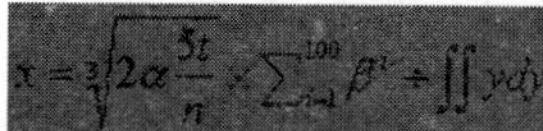

图 2-2-3　样文 3

（2）正文第 1 段字体为楷体；悬挂缩进 2 个字符，段后 0.5 行；段落第一个字设为带圈字符，样式为增大圈号。

（3）正文第 2 和 3 段首行缩进 2 个字符，1.2 倍行距；分二栏；左栏添加方框，线型为波浪线，颜色为红色，宽度 5/4 磅；右栏文字添加浅蓝色底纹。

（4）正文第 4 段字体为楷体、加粗、小四、空心效果，字符间距加宽 3 磅；首行缩进 3 个字符，段前间距 10 磅。

（5）在正文第 4 段末插入公式，填充颜色为海绿色。

练习四

1．样文（见图 2-2-4）

2．要求

（1）将标题字体设为华文琥珀、小一、粉红，居中对齐；插入尾注，尾注中的文字字体为华文楷体小五号，尾注位置为文档结尾，自定义标记，

（2）在标题处插入一张图片，图片高 2 厘米，宽 5 厘米，居中对齐，衬于文字下方。

（3）正文所有段落首行缩进 2 个字符，行距为固定值 20 磅。

（4）正文第 1 段首字下沉，楷体，下沉 2 行。

（5）正文第 3 段中的"桃李不言，下自成蹊。"字体为华文细黑、蓝绿色，加红色下画线；正文中所有"李广"二字字体为华文行楷、加粗倾斜，加着重号，字符位置提升 3 磅。

（6）正文第 3 段中的"赏花尝果"设置中文版式为合并字符，黑体、10 号，绿色。

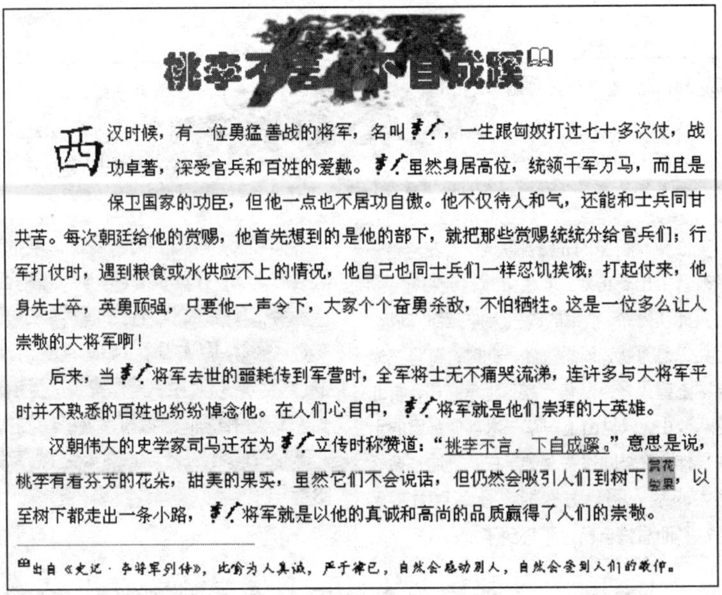

桃李不言下自成蹊[1]

西汉时候，有一位勇猛善战的将军，名叫李广，一生跟匈奴打过七十多次仗，战功卓著，深受官兵和百姓的爱戴。李广虽然身居高位，统领千军万马，而且是保卫国家的功臣，但他一点也不居功自傲。他不仅待人和气，还能和士兵同甘共苦。每次朝廷给他的赏赐，他首先想到的是他的部下，就把那些赏赐统统分给官兵们；行军打仗时，遇到粮食或水供应不上的情况，他自己也同士兵们一样忍饥挨饿；打起仗来，他身先士卒，英勇顽强，只要他一声令下，大家个个奋勇杀敌，不怕牺牲。这是一位多么让人崇敬的大将军啊！

后来，当李广将军去世的噩耗传到军营时，全军将士无不痛哭流涕，连许多与大将军平时并不熟悉的百姓也纷纷悼念他。在人们心目中，李广将军就是他们崇拜的大英雄。

汉朝伟大的史学家司马迁在为李广立传时称赞道："桃李不言，下自成蹊。"意思是说，桃李有着芬芳的花朵，甜美的果实，虽然它们不会说话，但仍然会吸引人们到树下赏花尝果，以至树下都走出一条小路，李广将军就是以他的真诚和高尚的品质赢得了人们的崇敬。

[1]出自《史记·李将军列传》，比喻为人真诚，严于律己，自然会感动别人，自然会受到人们的敬仰。

图 2-2-4　样文 4

练习五

1．样文（见图 2-2-5）

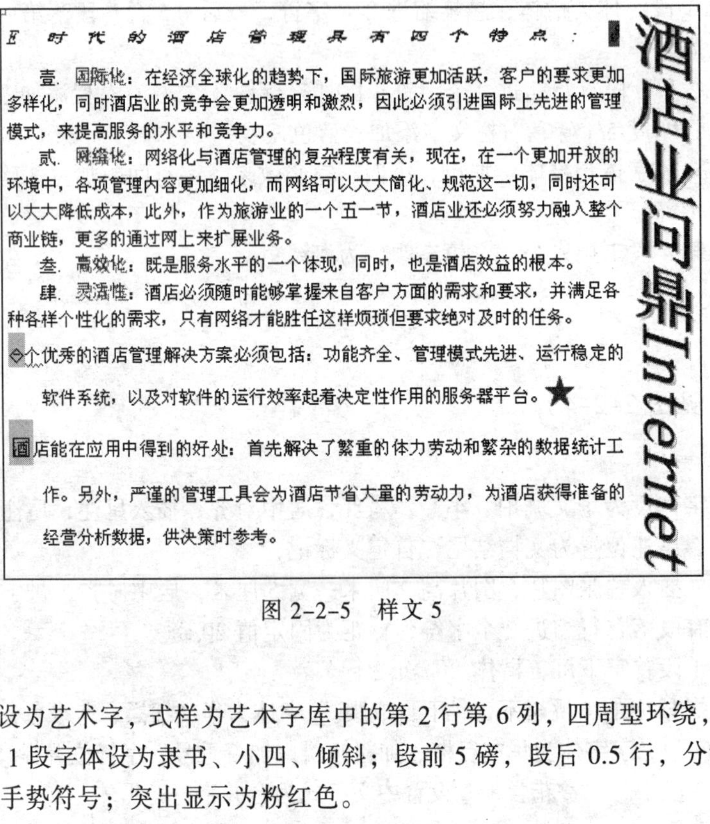

酒店业问鼎Internet

E 时 代 的 酒 店 管 理 具 有 四 个 特 点 ：

壹．国际化：在经济全球化的趋势下，国际旅游更加活跃，客户的要求更加多样化，同时酒店业的竞争会更加透明和激烈，因此必须引进国际上先进的管理模式，来提高服务的水平和竞争力。

贰．网络化：网络化与酒店管理的复杂程度有关，现在，在一个更加开放的环境中，各项管理内容更加细化，而网络可以大大简化、规范这一切，同时还可以大大降低成本，此外，作为旅游业的一个五一节，酒店业还必须努力融入整个商业链，更多的通过网上来扩展业务。

叁．高效化：既是服务水平的一个体现，同时，也是酒店效益的根本。

肆．灵活性：酒店必须随时能够掌握来自客户方面的需求和要求，并满足各种各样个性化的需求，只有网络才能胜任这样烦琐但要求绝对及时的任务。

一个优秀的酒店管理解决方案必须包括：功能齐全、管理模式先进、运行稳定的软件系统，以及对软件的运行效率起着决定性作用的服务器平台。★

酒店能在应用中得到的好处：首先解决了繁重的体力劳动和繁杂的数据统计工作。另外，严谨的管理工具会为酒店节省大量的劳动力，为酒店获得准备的经营分析数据，供决策时参考。

图 2-2-5　样文 5

2．要求

（1）将标题设为艺术字，式样为艺术字库中的第 2 行第 6 列，四周型环绕，放于正文右侧。

（2）正文第 1 段字体设为隶书、小四、倾斜；段前 5 磅，段后 0.5 行，分散对齐；在段末插入表示胜利的手势符号；突出显示为粉红色。

（3）正文第 2～5 段设置项目编号，编号位置为左对齐 0.7 厘米；文字位置为缩进 0 厘米；段落中前 3 个字字体设为黑体、红色，静态效果为阳文。

（4）正文第 6、7 段悬挂缩进 2 个字符，1.6 倍行距。第 6 段第 1 个字设置为带圈字符，样式为缩小圈号，圈号为菱形；第 7 段第 1 个字设置为带圈字符，样式为增大圈号，圈号为正方形。

（5）在正文第 6 段后插入一个五角星，五角星高 0.6 厘米、宽 0.6 厘米，填充颜色及线条颜色均为红色。

练习六

1. 样文（见图 2-2-6）

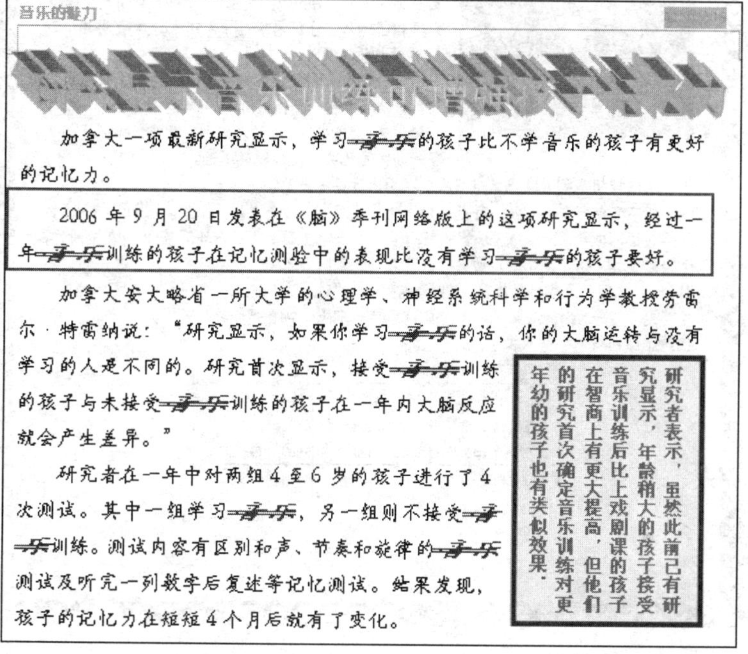

音乐的魅力

加拿大一项最新研究显示，学习音乐的孩子比不学音乐的孩子有更好的记忆力。

2006 年 9 月 20 日发表在《脑》季刊网络版上的这项研究显示，经过一年音乐训练的孩子在记忆测验中的表现比没有学习音乐的孩子要好。

加拿大安大略省一所大学的心理学、神经系统科学和行为学教授劳雷尔·特雷纳说：“研究显示，如果你学习音乐的话，你的大脑运转与没有学习的人是不同的。研究首次显示，接受音乐训练的孩子与未接受音乐训练的孩子在一年内大脑反应就会产生差异。”

研究者在一年中对两组 4 至 6 岁的孩子进行了 4 次测试。其中一组学习音乐，另一组则不接受音乐训练。测试内容有区别和声、节奏和旋律的音乐测试及听完一列数字后复述等记忆测试。结果发现，孩子的记忆力在短短 4 个月后就有了变化。

研究者表示，虽然此前已有研究显示，年龄稍大的孩子接受音乐训练后比上戏剧课的孩子在智商上有更大提高，但他们的研究首次确定音乐训练对更年幼的孩子也有类似效果。

图 2-2-6　样文 6

2. 要求

（1）将标题设为艺术字，式样为艺术字库中的第 3 行第 1 列，三维效果为三维样式 2；环绕方式为上下型，居中对齐。

（2）正文第 1～4 段首行缩进 2 个字符，右缩进 0.7 厘米，行距为固定值为 20 磅。字体为华文楷体、小四。

（3）正文第 1～4 段中所有“音乐”一词字体设置为梅红色、加粗、倾斜、加双删除线，字符缩放 150%。

（4）将正文最后一段的内容放入一竖排文本框内，四周型环绕，右对齐，填充颜色为浅绿色；文本字体加粗，颜色为橘黄色；线条颜色为红色，线形为 3 磅。

（5）正文第 2 段段落加边框，颜色为粉红色，宽度为 2.25 磅；第 2 段内的文字添加底纹，图案样式为浅色竖线，图案颜色为浅青绿。

（6）设置页眉，在页眉左侧输入“音乐魅力”，字体为幼圆；右侧插入当天日期。

练习七

1．样文（见图 2-2-7）

06-12-9　　1:12 PM

我们单位领导大名胡不字，识字不多，书法不好，上级逐渐对他产生了不信任的感觉。为了挽回局面，胡不字向秘书问计，秘书说：“单位的事再多，到你这也不过同意二字，你先把同意二字练好了，再练练签名，即可应付一切了!”胡不字大喜，于是整日二事不干，专练“同意，胡不字”这五个字。天长日久，水滴石穿，胡不字的这五个字练得出神入化，已达到炉火纯青的地步。上级看着胡不字的书法大有进步，对其不满也渐渐淡去。

一日，市文联组织本市书画界名人去日本观摩书画，分给我单位一个指标，人们都争着要去，胡不字一锤定音：“我去。”尽管人们私下里叽叽呱呱，胡不字一表态自己去，无人敢说二话。

就这样胡不字混迹在本市书画名人间出访日本去了。

胡不字也有自知之明，每至一处，皆小心谨慎，几天来尚未露马脚。一日行至浮世绘展馆，胡不字不禁兴致大发，连声称好。日本同行见其兴致高涨，趁兴进言，要其题字留念。知他底细的人都替他捏了把汗。谁知胡不字毫不在意，大笔一挥，写就一行字交给了主家。人们定睛一看，只见上面龙飞凤舞地写着：“同字不同意，意同字不同。胡不字”，这个胡不字，关键时候竟把这五个字用在中日文字的区别上，倒也是歪打正着呀！

表1　电器产量及增长情况		
	1995 年产量	比 1985 年增长
房间空气调节器	682.56 万台	54.3倍
微型电子计算机	83.57 万部	695.4倍
电视机	3496.23 万台	1.1倍

图 2-2-7　样文 7

2．要求

（1）页面设置。纸张为自定义大小，宽 18 厘米，高 20 厘米；页边距中左、右均为 2 厘米，上、下均为 2.5 厘米；页眉左侧插入系统日期，右侧插入系统时间，字体加粗；页面边框为时钟的艺术图。

（2）插入一张图片，设置图片高 7 厘米，宽 5.02 厘米，环绕方式为四周型。

（3）标题设为艺术字，式样为艺术字库中的第 5 行 6 列，环绕方式为浮于文字上方，并旋转艺术字的角度，并与图片组合。

（4）将正文设为楷体五号字，首行缩进 2 个字符；最后一段分二栏显示，并添加浅绿色底纹。

（5）将正文中所有的“胡不字”字体设为红色，添加红色、双下画线。

（6）在正文末插入表格，自动套用格式为精巧型 2、居中对齐。

（7）为文档添加水印效果。水印内容为同意，字体为幼圆 44 磅，式样为水平。

练习八

1．样文（见图 2-2-8）

秋季旅游可看六大秋色

秋天，成熟的季节，旅游的季节。一阵秋雨过后，秋风送来缕缕寒意，树叶一茬一茬地变换着自己的颜色，处处秋高气爽，处处秋水宜人。真想实实在在把这秋味儿品尝一次，让整个身心都陶醉在那秋的惬意之中。

◆ **新疆阿勒泰喀纳斯**

去了喀纳斯，就知道了什么是真正的秋色。白桦树叶、青杨树叶在秋风的轻抚中由绿变黄，再由黄变红，远远望去，层林尽染。哈萨克人木屋中的炊烟袅袅升起，环绕在树梢，弥漫在田野，悠远而宁静。

◆ **云南香格里拉纳帕海**

秋冬来临，走进香格里拉的纳帕海，映入眼帘的是金色的草原、皑皑的雪山和充满灵性的各种鸟类。

◆ **四川九寨沟**

九寨沟是水做的童话世界，关于她的美丽已经说得太多了。红色、黄色的叶子与蓝色、绿色的湖水交织在一起，令人惊诧此景好似人间仙境。

◆ **北京香山**

虽然香山的红叶没有米亚罗的面积大，但是香山红叶的名气却是米亚罗红叶不能比拟的。许多人把去香山看红叶作为秋季北京旅游的重要项目。

◆ **杭州西湖**

~~“万顷湖平长似镜，四时月好最宜秋。”~~这是古人对西湖十景之——“平湖秋月”的描述。感受平湖秋月的味道，最好的时节就是每年的中秋节了。

◆ **长沙橘子洲**

50 年前，伟人毛泽东重游橘子洲，写下了《沁园春·长沙》一词，橘子洲也因此而声名大振，尤其以秋季景色最为独特。

图 2-2-8　样文 8

2．要求

（1）将标题设为艺术字，式样为艺术库中的第 5 行第 6 列，紧密型环绕，字体为楷体、40 号，置于文档左侧。

（2）正文第 1 段首行缩进 2 个字符；字体缩放 80%；加下画线，线形为双波浪线，颜色为浅橘黄色。

（3）正文中第 2、4、6、8、10、12 段添加项目符号，字体为楷体、加粗、红色，段前间距 0.3 行。

（4）正文中第 3、5、7、9、11、13 段首行缩进 2 字符。

（5）正文第 11 段中的“万顷湖平长似镜，四时月好最宜秋。”一句加删除线，动态效果为七彩霓虹。正文第 13 段中的“《沁园春·长沙》”添加 3 磅宽的黄色方框，添加底纹为-10%灰色填充颜色。

（6）页面设置为纸型 16K，上、下、左、右边距分别为 1.5 厘米、1.6 厘米、2.1 厘米、2 厘米。

练习九

1．样文（见图 2-2-9）

中国与美国住宅业差异比较

中国住宅建筑与美国人有相当大的不同，在建筑形式上有着本质差别。美国人口约 2 亿 5 千万，目前住宅自有率约六成六，人均居住面积近 60 m^2，居世界榜首。美国的住宅几乎全部为三层楼以下，在很多州的法律中有明确规定，若要盖三层以上的住宅，要经过非常繁杂的审批手续。

美国房价的高低主要取决于房子的质量和所处的地段，建筑面积倒在其次，大部分的房子都是论“幢”来卖，而不会按“m^2”出售，每幢房子一般十几万元、几十万元直至几百万元。十万美元以内的房子在美国已经很少见到了。

一般的美国人宁肯节衣缩食，也要自购房屋。所谓“美国梦”的核心就是在美国拥有一套自己的住房。所以一般家庭都拥有一栋配套较为齐全、面积在***壹佰陆拾*** m^2 以上的房子。一个普通工人家庭，内部分别拥有客厅、卧室、厨房、浴室、贮藏室、洗衣室、车库等，热水、暖气、空调设备齐全。房子高低档的差别是室内陈设和装饰，而且供暖、空调是煤气作为燃料的分户供暖空调系统。

图 2-2-9　样文 9

2．要求

（1）将标题设为艺术字，式样为艺术字库中的第 1 行第 4 列，字号大小为 28 号，上下型环绕，水平对齐方式为居中。

（2）插入剪贴画，高 2.5 厘米，宽 2.92 厘米，四周型环绕，图片的颜色改为灰度，置于正文第 1 段右侧。

（3）正文第 1 段首行缩进 2 个字符，左缩进 1.5 个字符；段落字体设为黑体、深红色；为段落中文字添加底纹，图案样式为深色上斜线，图案颜色为天蓝色。

（4）正文第 2、3 段首行缩进 2 个字符，行距为固定值 20 磅；分三栏，加分隔线；字体为楷体。

（5）将正文中的“平方米”改为 m^2，字体设为 Arial；将正文第 3 段中的 160 改为大写数字形式，并加粗、倾斜；“美国梦”设置中文版式为纵横混排。

练习十

1．样文（见图 2-2-10）

2．要求

（1）纸张为 A4，横向，左右边距分别为 3cm、2cm。

（2）设置页眉页脚，在页眉左侧输入“首都图书馆：乞丐进馆，一视同仁!”，字体为隶书；右侧插入页码。

（3）标题设为艺术字，式样为艺术库中的第 4 行 2 列，字号 20 号，环绕方式为紧密型。

首都图书馆：乞丐进馆，一视同仁！　　- 1 -

首都图书馆：乞丐进馆，一视同仁！

昨日下午，“残奥会健儿与首图残疾读者座谈会”在首都图书馆举行，雅典残奥会冠军李岩松与广大残疾读者进行了交流，中间还穿插了有趣的奥运知识问答。此项活动也标志着２００４首都图书馆“全民读书月”正式拉开帷幕。

座谈会上，２００４年雅典残奥会４×１００米冠军李岩松向与会的残疾人介绍了今年残奥会的难忘日子，并共同畅想了２００８北京奥运会，一些残疾人艺术家还现场向李岩松赠送了书画作品。据了解，首都图书馆一直重视残疾人文化生活，他们目前专为残疾人举办的康复文献阅览室在国内仍是惟一一家，包括盲人在内的残疾人都能得到阅览服务。据悉，在１２月３日“世界残疾人日”，首图还将举办有专家主讲的“新残疾人观系列讲座”。

	一系	二系	三系	四系
专科	300	400	500	350
本科	400	300	400	450
研究生	100	50	150	80

首都图书馆馆长倪晓建介绍说，每年年底首都图书馆都要举办全民读书月活动，以唤起民众的读书热情，去年到首图的读者达到１５０万人，但比起北京１３００多万的居民数字，１５０万这个数字还是可以提高的。“**在书面前人人平等，乞丐进馆，一视同仁。**”倪馆长表示，去年他们还特别组织了来京务工人员子女到图书馆的阅读活动。“我们开办这个２４小时开放的阅览室，就是要唤起市民的参与热情，让首都图书馆成为‘居民的第二起居室’。”

图 2-2-10　样文 10

（4）正文中所有段落首行缩进 2 个字符。最后一段中的“在书面前人人平等，乞丐进馆，一视同仁”设为华文楷体、小四、红色、空心。

（5）在正文第 2 段后插入 4 行 5 列的表格。表格自动套用格式为列表型 7，且表格左对齐；无文字环绕；左缩进 1 厘米；单元格对齐方式为中部居中对齐。

（6）在表格右侧画一个高 3 厘米、宽 6 厘米的椭圆，线条颜色为大棋盘图案线条，线粗为 6 磅，填充颜色为玫瑰红，添加阴影样式 4。

第3章　Word表格处理

练习一

1．样表（见表2-3-1）

表2-3-1　样表1

星期 节次		一	二	三	四	五
1～2	课程	英语	计算机		政治	
	教室	116	108		203	
3～4	课程	数学		数学		英语
	教室	501		501		116
午　间　休　息						
5～6	课程		英语			
	教室		116			
7～8	课程	政治			听力	计算机
	教室	203			408	108

2．要求

（1）插入一个6行10列的表格。

（2）按样表1对相应单元格进行合并与拆分操作。

（3）表格外框线以及第6行的边框线线宽为1.5磅。

（4）表格第1行字体颜色为深红，加粗，添加浅青绿色底纹。

（5）所有单元格对齐方式为中部居中对齐；第6行字体设置为红色、加粗、倾斜。

练习二

1．样表（见表2-3-2）

表2-3-2　样表2

年　龄	农村居民预计出游时期				
	春耕前	双抢前	双抢后	春节	其他
15～24	30.8	8.4	11.2	35.9	13.7
25～44	26.1	7.5	12.6	45.3	8.5

续表

年　龄	农村居民预计出游时期				
	春耕前	双抢前	双抢后	春节	其他
45～64	31.5	7.4	14.6	35.6	10.9
≥65	8.4	15.1	8.8	49.6	18.1
平均	24.2	9.6	11.8	41.6	12.8

2．要求

（1）插入一个 6 行 6 列的表格。

（2）将 A1、A2 单元格合并，将 B1 至 F1 的单元格合并，按样表 2 输入文字。

（3）在最后一行下方插入一行，计算各列的平均值；将该行文字加粗显示。

（4）表格外边框线宽为 3 磅，颜色为橘黄色；内框线线宽为 1.5 磅，颜色为黑色。

（5）指定表格宽度为 14 厘米，居中对齐；第 1、2 行行高为固定值 1.2 厘米，单元格字体为华文行楷、四号；其他各行行高为固定值为 1 厘米。

（6）所有单元格内容中部居中对齐。

练习三

1．样表（见表 2-3-3 和表 2-3-4）

表 2-3-3　样表 3

年　份	1985	1990	1995	1999
宾馆酒楼	5	22	28	28
餐馆食店	25	36	45	40
居民住户	90	150	180	160

表 2-3-4　样表 4

年　份	1985	1990	1995	1999
宾馆酒楼	5	22	28	28
餐馆食店	25	36	45	40
居民住户	90	150	180	160
总计	120	208	253	228

2．要求

（1）插入一个 4 行 6 列的表格（见表 2-3-3），表格居中对齐，无文字环绕。

（2）在第 4 行下方插入一行，利用公式求 2～5 列中各年份数据的总和（见表 2-3-4）。

（3）表格自动套用格式，表格样式为古典型 3。

（4）指定第 3 行行高为 2 厘米，平均分布各行。

（5）单元格字号为小四，对齐方式为中部右对齐。

（6）表格标题字体设为楷体、四号、加粗，段后 0.4 行。

练习四

1．样表（见表 2-3-5 和表 2-3-6）

表 2-3-5　样表 5

项　目	机构数(个)	年末人数(人)	女　性
中国人民银行	2 189	140 450	45 501
招商银行	411	17 829	9 421
中国农业银行	31 004	489 425	206 513
浦东发展银行	329	8 817	4 154
中信实业银行	391	11 598	5 430
国家开发银行	37	4 678	1 806
中国工商银行	21 223	375 781	167 479
华夏银行	243	7 007	3 303

表 2-3-6　样表 6

项　目	机构数(个)	年末人数(人)	项　目	机构数(个)	年末人数(人)
中信实业银行	391	11 598	中国农业银行	31 004	489 425
中国人民银行	2 189	140 450	中国工商银行	21 223	375 781

2．要求

（1）插入一个 9 行 4 列的表格（见表 2-3-5），表格右对齐。

（2）对表格进行排序，主要关键字为列 1，类型为拼音，降序；次要关键字为列 2，类型为数值，升序。

（3）删除第 4 列，删除第 6～9 行；表格指定宽度为 13 厘米。

（4）调整单元格间距为 0.1 厘米（见表 2-3-6）。

（5）单元格字体为隶书、小四号，单元格对齐方式为靠下居中。

第 4 章　Excel 数据处理

练习一

1. 工作表（见图 2-4-1）

	A	B	C	D	E
1	地　区	年底总人口(万人)	出生率（‰）	死亡率（‰）	自然增长率（‰）
2	北　京	1493	6.1	5.4	0.7
3	上　海	1742	6	6	0
4	江　苏	7433	9.45	7.2	2.25
5	湖　北	6016	8.43	6.03	2.4
6	湖　南	6698	11.89	6.8	5.09
7	广　东	8304	13.13	5.12	8.01
8	新　疆	1963	16	5.09	10.91

图 2-4-1　工作表 1

2. 要求

建立工作表 Sheet1，并做以下操作：

（1）在第 1 行前插入一行，将 A1:E1 单元格合并，输入表头“2004 年各地区总人口和出生率、死亡率、自然增长率表”；字体设为黑体、16 号、褐色，添加灰色-25%底纹。

（2）将工作表 Sheet1 重命名为“人口表”；单元格 A2:E2 以及 A3:A9 文字字体为楷体、加粗、16 号。

（3）为第 E 列单元格设条件格式，数值大于 8 的单元格设置成红色、加粗、淡蓝色底纹，小于 2 的单元格设置成橘黄色、倾斜、加删除线。

（4）按“年底总人口（万人）”降序排列。

（5）筛选出年底总人口大于 6 000 万人，且自然增长率大于 5‰的地区。

（6）求各数值的平均值，放入各列之后。第 C 至 E 列的数字保留两位小数位。

练习二

1. 工作表（见图 2-4-2）

2. 要求

建立工作表，并做以下操作：

（1）在 G 列后插入“扣除总计”和“实发工资”两列，求出每个月的扣除总计和实发工资，其中“扣除总计”等于“水电费”加上“公积金”，“实发工资”等于职务“工资加津贴”减“扣除总计”，“实发工资”前加货币符号¥。

（2）对工资表进行排序，主要关键字为“部门”，升序；次要关键字为“职务工资”，降序；第三关键字为“实发工资”，升序。

（3）筛选出实发工资大于或等于 800 的女职工。

（4）求男、女职工“职务工资”、“津贴”、“实发工资”的平均值。

（5）按部门统计男女职工的平均实发工资。

	A	B	C	D	E	F	G
1	姓名	性别	部门	职务工资	津贴	水电费	公积金
2	刘武	男	财务部	800	320	45.6	80
3	张冰冰	女	技术部	620	260	56.6	62
4	郑小明	男	技术部	620	260	120.3	62
5	王宏岩	男	销售部	500	240	62.3	50
6	李国林	男	销售部	800	400	67	80
7	孙乐乐	女	财务部	500	300	36.7	50
8	张艳	女	技术部	620	340	96.2	62
9	吴志斌	男	销售部	620	320	15	62
10	刘冷	男	财务部	580	400	120.3	58
11	陈红红	女	财务部	580	400	62.3	58
12	赵大林	男	技术部	800	500	67	80
13	朱意	女	销售部	500	400	36.7	50
14	邱红霞	女	销售部	620	320	93.2	62

图 2-4-2　工作表 2

练习三

1. 工作表（见图 2-4-3）

	A	B	C	D
1	各级各专业在校学生人数			
2	专业	2002级	2003级	2004级
3	会计	903	1108	1333
4	计算机	1509	1580	1208
5	电子	809	1060	1204

图 2-4-3　工作表 3

2. 要求

建立工作表 Sheet3，并做以下操作：

（1）表格格式化。字体设为楷体、10 号，加内、外边框，文字水平居中对齐；第 1 行字体设加粗、绿色。

（2）在工作表中插入折线图（见图 2-4-4），子类型为数据点折线形图，横坐标为年级，纵坐标为人数。

各级各专业在校学生人数折线图

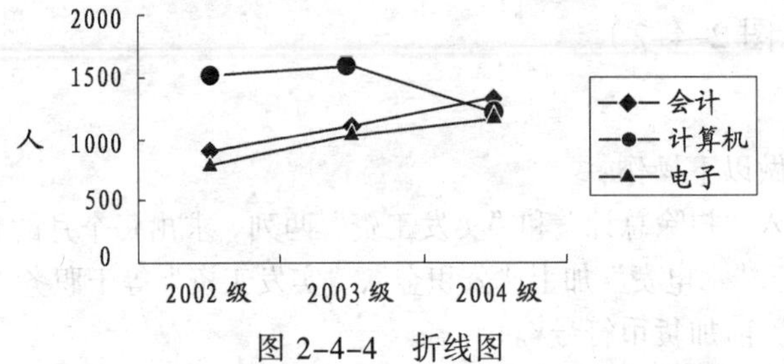

图 2-4-4　折线图

（3）设置属性。其中图例为楷体 9 号，坐标轴为楷体 9 号，图表标题为黑体 14 号。清除图中的网络线、背景颜色和边框。

（4）设置曲线的线形和颜色。其中“电子”专业曲线用红色，数据标记前景为白色，背景为红色，大小为 6 磅；“计算机”专业曲线用绿色，数据标记为圆形，前景为白色，背景为绿色，大小为 8 磅。

练习四

1. 工作表（见图 2-4-5）

	A	B	C	D	E
1	2004年全海域海水水质评价结果（单位：万平方公里）				
2	海区	较清洁海域面积	轻度污染海域面积	中度污染海域面积	严重污染海域面积
3	渤海	1.59	0.541	0.303	0.231
4	黄海	1.56	1.29	1.131	0.808
5	东海	2.155	1.362	1.211	2.068
6	南海	1.258	0.857	0.436	0.099
7					

图 2-4-5　工作表 4

2. 要求

建立工作表 Sheet1，并做以下操作：

（1）A7 单元格内输入“全国”，B7:E7 的值分别为对应列数值之和。

（2）表格格式化。第 1 行字体设置为隶书 16 号，第 2 行及第 A 列添加棕黄色底纹，所有单元格文本中部居中对齐，为表格添加行边框。

（3）插入柱形图（见图 2-4-6），子类型为百分比堆积柱形图，横坐标为海区，纵坐标为百分比。

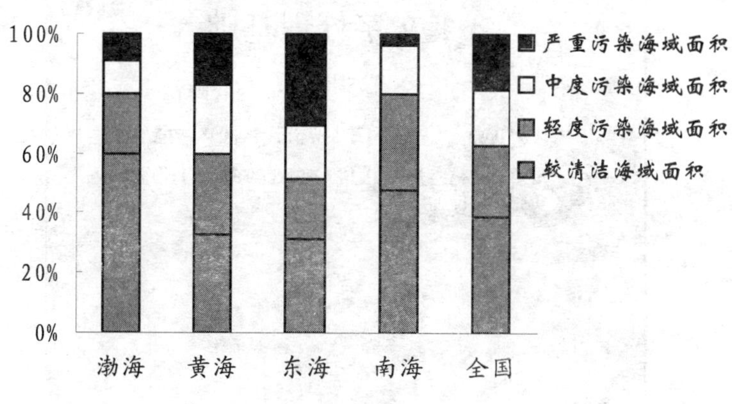

图 2-4-6　柱形图

（4）设置属性。其中图例为无边框，位置靠右，华文新魏 9 号；坐标格式为楷体 9 号，分类轴无刻度线；图表标题为楷体 12 号，清除绘图区网格线、边框、背景颜色及图表区边框。

（5）将“轻度污染”数据系列格式内部颜色改为橘黄色，“严重污染”数据系列格式内部填充为紫色网格纹理。

第 5 章　PowerPoint 演示文稿制作

启动 PowerPoint，建立一个空演示文稿，并做以下操作：

（1）第一张幻灯片标题为“第 3 章　办公自动化基础”；副标题有 3 项，分别为“3.1　文字处理基础”、“3.2　电子表格处理基础”、“3.3　演示文稿制作”，分别如图 2-5-1～图 2-5-3 所示。

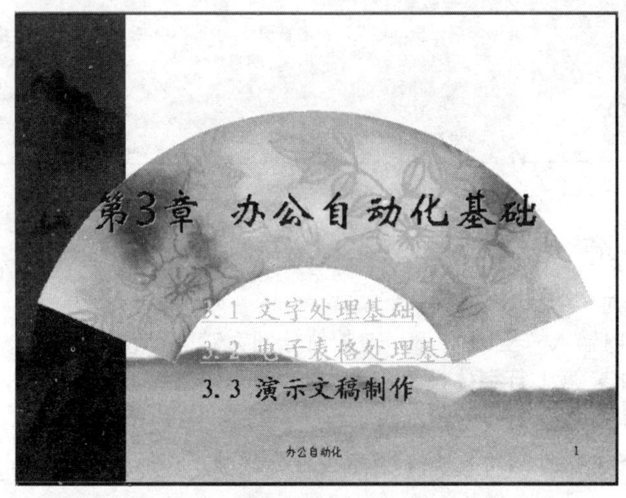

图 2-5-1　第一张幻灯片

图 2-5-2　第二张幻灯片

（2）插入一张幻灯片，版式为“标题和文本在内容之上”；标题为“3.2　电子表格处理基础”；文本为“Excel XP 的主界面如下：”；内容为一张 Excel XP 的主界面图片；调整好文本与内容的大小与距离。

（3）在第一张幻灯片与第二张幻灯片之间插入一张幻灯片，版式为“标题，剪贴画与文本”；标题为“3.1　文字处理基础”；插入一张搜索文字为“车”的剪贴画；文本为两项，分别是“在Word中插入剪贴画”、“将剪贴画缩放150%”。

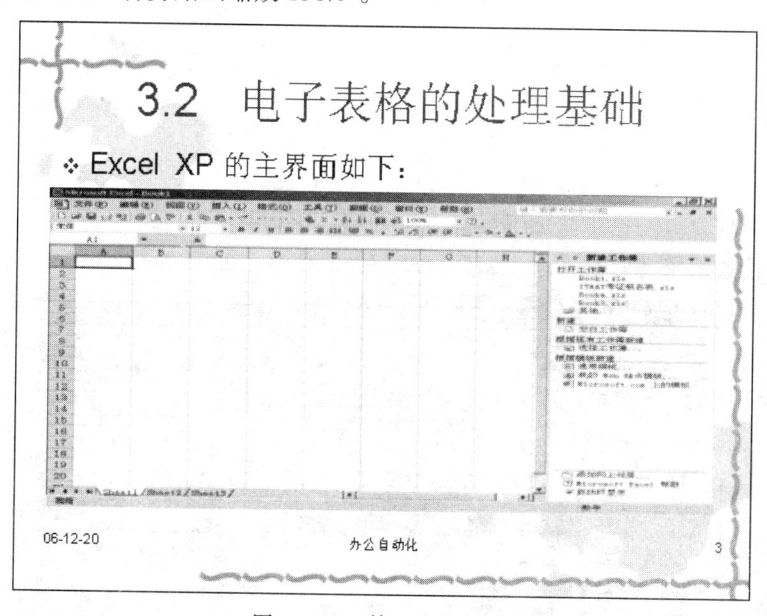

图 2-5-3　第三张幻灯片

（4）格式化第一张幻灯片。应用设计模板为“谈古论今.pot”；标题字体设为华文新魏、54号；副标题内容左对齐，字体为楷体、加粗。

（5）将第一张幻灯片中的“3.1……基础”内容设置超链接，链接到本文档的第二张幻灯片；“3.2……基础”设置超链接，链接到本文档的第三张幻灯片。

（6）格式化第二张幻灯片。格式化背景，填充效果为“粉色面巾纸”；标题字体加粗；剪贴画缩放150%；修改文本的项目符号的样式，文本字体设为隶书、32号。

（7）格式化第三张幻灯片。应用设计模板为“古瓶荷花.pot”。

（8）通过幻灯片母版，为每张幻灯片插入日期（自动更新）以及幻灯片编号，设置页脚为“办公自动化”。

（9）为第二张幻灯片添加动画，文本添加菱形进入效果，速度为“非常快”；剪贴画为棋盘进入效果。

（10）所有幻灯片切换效果为随机、中速、声音为风铃。

（11）保存文稿，命名为“第3章.ppt”，并放映观看效果。

第 6 章　Internet 信息检索

练习一

搜索并保存信息，操作步骤如下：

（1）利用搜索引擎搜索与大学生寒假旅游相关的信息，如图 2-6-1 所示。

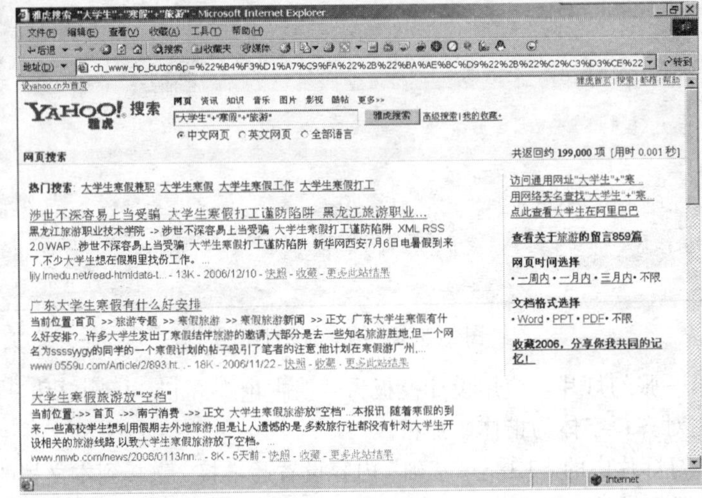

图 2-6-1　信息搜索（一）

（2）打开一个超链接，查看网页内容，如图 2-6-2 所示。

图 2-6-2　信息搜索（二）

（3）将网页内容复制到 Word 文档中，对该 Word 文档进行排版并保存，如图 2-6-3 所示。

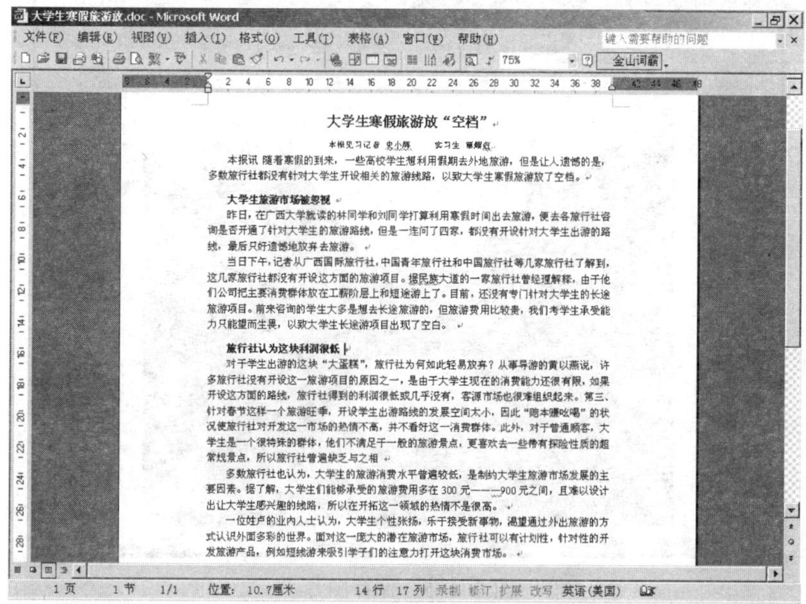

大学生寒假旅游放“空档”

本报见习记者 史小藤　　实习生 覃解庭

本报讯 随着寒假的到来，一些高校学生想利用假期去外地旅游，但是让人遗憾的是，多数旅行社都没有针对大学生开设相关的旅游线路，以致大学生寒假旅游放了空档。

大学生旅游市场被忽视

昨日，在广西大学就读的林同学和刘同学打算利用寒假时间出去旅游，便去各旅行社咨询是否开通了针对大学生的旅游路线，但是一连问了四家，都没有开设针对大学生出游的路线，最后只好遗憾地放弃去旅游。

当日下午，记者从广西国际旅行社，中国青年旅行社和中国旅行社等几家旅行社了解到，这几家旅行社都没有开设这方面的旅游项目。据民族大道的一家旅行社曾经理解释，由于他们公司把主要消费群体放在工薪阶层上和短途游上了。目前，还没有专门针对大学生的长途旅游项目。前来咨询的学生大多是想去长途旅游的，但旅游费用比较贵，我们考学生承受能力只能望而生畏，以致大学生长途游项目出现了空白。

旅行社认为这块利润很低

对于学生出游的这块“大蛋糕”，旅行社为何如此轻易放弃？从事导游的黄以燕说，许多旅行社没有开设这一旅游项目的原因之一，是由于大学生现在的消费能力还很有限，如果开设这方面的路线，旅行社得到的利润很低或几乎没有，客源市场也很难组织起来。第三、针对春节这样一个旅游旺季，开设学生出游路线的发展空间太小，因此“赔本赚吆喝”的状况使旅行社对开发这一市场的热情不高，并不看好这一消费群体。此外，对于普通顾客，大学生是一个很特殊的群体，他们不满足于一般的旅游景点，更喜欢去一些带有探险性质的超常规景点，所以旅行社普遍缺乏与之相

多数旅行社也认为，大学生的旅游消费水平普遍较低，是制约大学生旅游市场发展的主要因素。据了解，大学生们能够承受的旅游费用多在 300 元———900 元之间，且难以设计出让大学生感兴趣的线路，所以在开拓这一领域的热情不是很高。

一位姓卢的业内人士认为，大学生个性张扬，乐于接受新事物，渴望通过外出旅游的方式认识外面多彩的世界。面对这一庞大的潜在旅游市场，旅行社可以有计划性，针对性的开发旅游产品，例如短线游来吸引学子们的注意力打开这块消费市场。

图 2-6-3　信息搜索（三）

（4）将该 Word 文档以附件方式保存到邮箱。

练习二

搜索并保存图片，操作步骤如下：

（1）利用搜索引擎搜索张家界黄石寨图片，如图 2-6-4 所示。

（2）选择一张图片，并保存到本地硬盘中，如图 2-6-5 所示。

图 2-6-4　图片搜索

图 2-6-5　保存图片

练习三

利用 CNKI 搜索期刊论文并保存阅读，操作步骤如下：

（1）搜索一篇作者为赵翔和郝林，标题为数字水印综述，类别为计算机工程与设计，并于 2006 年 6 月刊登的论文，如图 2-6-6 所示。

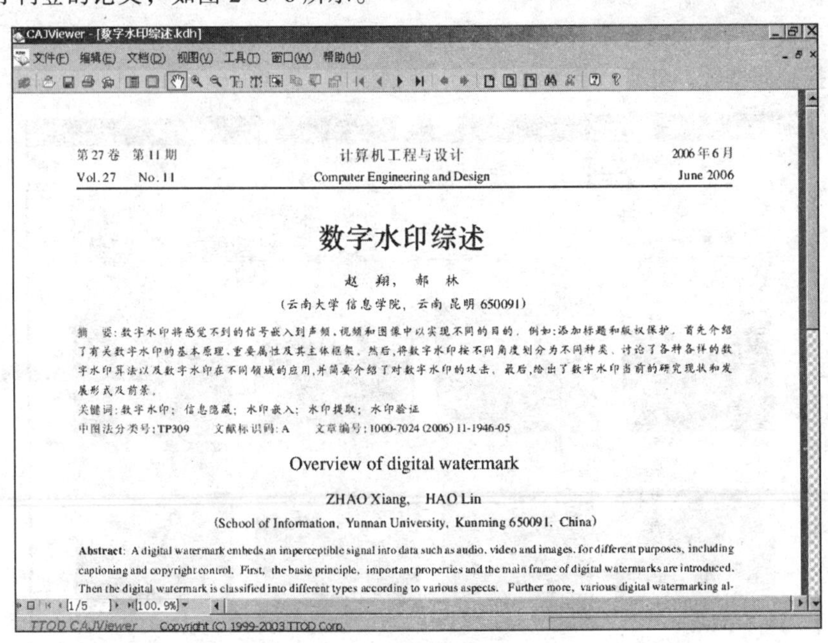

CAJViewer - [数字水印综述.kdh]

文件(F) 编辑(E) 文档(D) 视图(V) 工具(T) 窗口(W) 帮助(H)

第 27 卷　第 11 期　　计算机工程与设计　　2006 年 6 月
Vol.27　No.11　　Computer Engineering and Design　　June 2006

数字水印综述

赵　翔，　郝　林
（云南大学 信息学院，云南 昆明 650091）

摘　要：数字水印将感觉不到的信号嵌入到声频、视频和图像中以实现不同的目的，例如：添加标题和版权保护。首先介绍了有关数字水印的基本原理、重要属性及其主体框架。然后，将数字水印按不同角度划分为不同种类，讨论了各种各样的数字水印算法以及数字水印在不同领域的应用，并简要介绍了对数字水印的攻击。最后，给出了数字水印当前的研究现状和发展形式及前景。

关键词：数字水印；信息隐藏；水印嵌入；水印提取；水印验证
中图法分类号：TP309　　文献标识码：A　　文章编号：1000-7024 (2006) 11-1946-05

Overview of digital watermark

ZHAO Xiang,　HAO Lin
(School of Information, Yunnan University, Kunming 650091, China)

Abstract: A digital watermark embeds an imperceptible signal into data such as audio, video and images, for different purposes, including captioning and copyright control. First, the basic principle, important properties and the main frame of digital watermarks are introduced. Then the digital watermark is classified into different types according to various aspects. Further more, various digital watermarking al-

1/5　100.9%

TTOD CAJViewer　Copyright (C) 1999-2003 TTOD Corp.

图 2-6-6　CNKI 搜索（一）

（2）搜索一篇篇名包含关键词“人工智能”的文章，如图 2-6-7 所示。

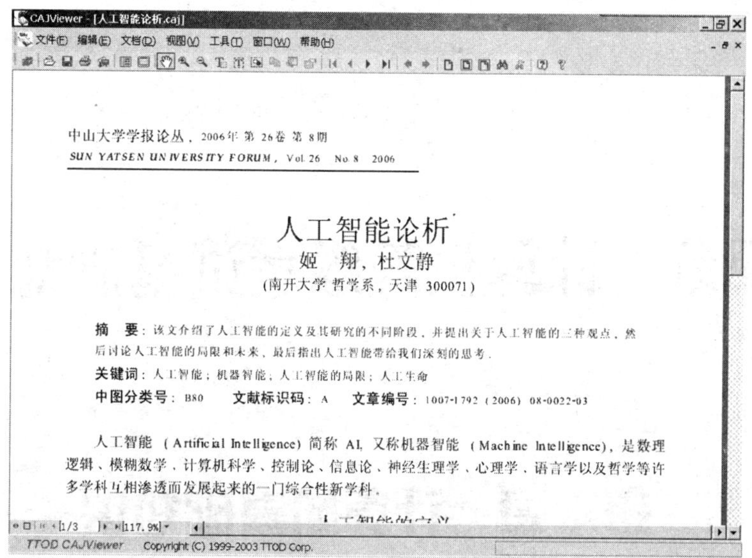

中山大学学报论丛，2006年 第26卷 第8期
SUN YATSEN UNIVERSITY FORUM, Vol. 26 No. 8 2006

人工智能论析

姬 翔，杜文静
(南开大学 哲学系，天津 300071)

摘 要：该文介绍了人工智能的定义及其研究的不同阶段，并提出关于人工智能的三种观点，然后讨论人工智能的局限和未来，最后指出人工智能带给我们深刻的思考.

关键词：人工智能；机器智能；人工智能的局限；人工生命
中图分类号：B80 **文献标识码**：A **文章编号**：1007-1792（2006）08-0022-03

人工智能（Artificial Intelligence）简称AI，又称机器智能（Machine Intelligence），是数理逻辑、模糊数学、计算机科学、控制论、信息论、神经生理学、心理学、语言学以及哲学等许多学科互相渗透而发展起来的一门综合性新学科.

图 2-6-7 CNKI 搜索（二）

第三部分　计算机等级考试基础知识训练

第 1 章　计算机基础知识

1．在计算机中，通常用主频来描述计算机的_____。

A．运算速度　B．可靠性　C．可扩充性　D．可运行性

2．Visual FoxPro 是一种_____。

A．操作系统　B．语言处理程序

C．数据库管理系统　D．文字处理软件

3．已知英文字母 a 的 ASCII 代码值是十六进制 61H，那么字母 d 的 ASCII 代码值是_____。

A．2H　B．54H　C．24H　D．64H

4．一片 1.44 MB 的软盘可以存储大约 140 万个_____。

A．ASCII 字符　B．中文字符　C．磁盘文件　D．子目录

5．3.5 in 软盘片的一个角上有一个滑动块，如果移动该滑动块露出一个小孔，则该盘_____。

A．不能读但能写　B．不能读也不能写

C．只能读不能写　D．能读写

6．对于存有重要数据的软盘，防止感染计算机病毒的有效方法是_____。

A．保持机房清洁　B．不要把软盘和有病毒的软盘放在一起

C．对软盘进行写保护　D．定期对软盘格式化

7．下列字符中，ASCII 码值最小的是_____。

A．W　B．F　C．x　D．g

8．数字符号 0 的 ASCII 码十进制表示为 48，数字符号 9 的 ASCII 码十进制表示为_____。

A．56　B．57　C．58　D．59

9．大写字母 A 的 ASCII 码为十进制数 65，ASCII 码为十进制数 68 的字母是_____。

A．B　B．C　C．D　D．E

10．英文 AI 指的是_____。

A．人工智能　B．窗口软件　C．操作系统　D．磁盘驱动器

11. 我国著名数学家吴文俊院士应用计算机进行几何定理的证明，该应用属于计算机应用领域中的_____。
A. 人工智能　　B. 科学计算
C. 数据处理　　D. 计算机辅助设计

12. 不属于计算机人工智能应用的是_____。
A. 语音识别　　B. 手写识别　　C. 自动翻译　　D. 人事档案系统

13. 人和计算机下棋，该应用属于_____。
A. 过程控制　　B. 数据处理　　C. 科学计算　　D. 人工智能

14. 微型计算机的发展阶段是根据_____设备或器件决定的。
A. 输入/输出设备　　B. 微处理器　　C. 存储器　　D. 运算器

15. PC 属于_____。
A. 小巨型机　　B. 小型计算机　　C. 微型计算机　　D. 中型计算机

16. 目前使用的“奔腾”型微机采用的逻辑器件属于_____。
A. 电子管　　B. 晶体管
C. 集成电路　　D. 超大规模集成电路

17. 使用超大规模集成电路制造的计算机应该属于_____。
A. 第一代　　B. 第二代　　C. 第三代　　D. 第四代

18. 微型计算机诞生于_____。
A. 第一代计算机时期　　B. 第二代计算机时期
C. 第三代计算机时期　　D. 第四代计算机时期

19. 第四代计算机的逻辑器件是_____。
A. 电子管　　B. 晶体管
C. 中、小规模集成电路　　D. 大规模、超大规模集成电路

20. 第一台电子计算机使用的逻辑部件是_____。
A. 集成电路　　B. 大规模集成电路　　C. 晶体管　　D. 电子管

21. 将微型计算机的发展阶段分为第一代微型机、第二代微型机……，是根据_____设备或器件决定的。
A. 输入/输出设备　　B. 微处理器　　C. 存储器　　D. 运算器

22. 不属于数据处理应用的是_____。
A. 管理信息系统　　B. 办公自动化　　C. 实时控制　　D. 决策支持系统

23. 目前微机上配备的光盘多为_____光盘。
A. 只读　　B. 可读可写　　C. 一次性擦写　　D. 只擦

24. 全角状态下，一个英文字符在屏幕上的宽度是_____。
A. 1 个 ASCII 字符　　B. 2 个 ASCII 字符
C. 3 个 ASCII 字符　　D. 4 个 ASCII 字符

25. 数据处理的特点是_____。
A. 计算量大，数值范围广　　B. 数据输入/输出量大，计算相对简单
C. 进行大量的图形交互操作　　D. 具有良好的实时性和高可靠性

26. 过程控制的特点是_____。
A. 计算量大，数值范围广　　B. 数据输入/输出量大，计算相对简单

C．进行大量的图形交互操作　　D．具有良好的实时性和高可靠性

27．收发电子邮件属于计算机在_____方面的应用。

A．过程控制　　B．数据处理　　C．计算机网络　　D．CAD

28．科学计算的特点是_____。

A．计算量大，数值范围广　　B．数据输入/输出量大

C．计算相对简单　　D．具有良好的实时性和高可靠性

29．在计算机应用中，MIS 表示_____。

A．决策支持系统　　B．管理信息系统

C．办公自动化　　D．人工智能

30．_____是根据汉字结构输入汉字的方法。

A．区位码　　B．电报码　　C．拼音码　　D．五笔字型

31．下列各组设备中，全部属于输入设备的一组是_____。

A．键盘、磁盘和打印机　　B．键盘、扫描仪和鼠标

C．键盘、鼠标和显示器　　D．硬盘、打印机和键盘

32．表示 32 种状态需要的二进制位数是_____。

A．2　　B．3　　C．4　　D．5

33．在计算机中，Bus 是指_____。

A．公共汽车　　B．通信　　C．总线　　D．插件

34．关于硬件和软件的关系，下列说法正确的是_____。

A．只要计算机的硬件档次足够高，软件怎么样无所谓

B．要使计算机充分发挥作用，除了要有良好的硬件，还要有软件

C．硬件和软件在一定条件下可以相互转化

D．硬件性能好可以弥补软件的缺陷

35．与二进制数 1011011 对应的十进制数是_____。

A．123　　B．91　　C．107　　D．87

36．二进制数 1111.1 对应的十六进制数是_____。

A．F.1　　B．F.8　　C．71.1　　D．17.8

37．下列二进制运算中，结果正确的是_____。

A．1・0=1　　B．0・1=1　　C．1＋0=0　　D．1＋1=10

38．有一个数值 152，它与十六进制 6A 相等，那么该数值是_____。

A．二进制数　　B．八进制数

C．十进制数　　D．四进制数

39．将二进制数 10000001 转换为十进制数应该是_____。

A．126　　B．127　　C．128　　D．129

40．二进制数 1111.1 对应的八进制数是_____。

A．17.5　　B．15.4　　C．17.4　　D．17.1

41．二进制数 1111.1 对应的十六进制数是_____。

A．F.1　　B．F.8　　C．71.1　　D．17.8

42．二进制数 1110111.11 转换成十进制数是_____。

A．119.125　　B．119.75　　C．119.375　　D．119.3

43．与十六进制数 BB 等值的八进制数是_____。
A．187　　B．273　　C．563　　D．566
44．与十六进制数 BC 等值的二进制数是_____。
A．10111011　　B．10111100　　C．11001100　　D．11001011
45．十六进制数 FF 转换成十进制数是_____。
A．255　　B．256　　C．127　　D．257
46．为了避免混淆，二进制数在书写时常在后面加字母_____。
A．H　　B．O　　C．D　　D．B
47．数据 11H 的最左边的 1 相当于 2 的_____次方。
A．4　　B．3　　C．2　　D．1
48．十进制数 397 的十六进制值为_____。
A．18E　　B．18D　　C．277　　D．361
49．将十进制数 101.1 转换成十六进制数是_____。
A．65.19　　B．3.8　　C．65.8　　D．143.122
50．与二进制小数 0.1 等值的十六进制小数为_____。
A．0.1　　B．0.2　　C．0.4　　D．0.8
51．十进制数 125 对应的二进制数是_____。
A．1111101　　B．1011111　　C．111011　　D．1111010
52．十进制数 125 对应的十六进制数是_____。
A．7D　　B．5F　　C．3B　　D．7B
53．十进制数 511 的八进制数是_____。
A．756　　B．400　　C．401　　D．777
54．十六进制数 FF.1 转换成十进制数是_____。
A．255.0625　　B．255.125　　C．127.0625　　D．127.125
55．所谓“裸机”是指_____。
A．没有安装机箱　　B．没有安装应用软件
C．没有安装任何软件的计算机　　D．只安装操作系统的计算机
56．在微机中，应用最普遍的西文字符编码是_____。
A．BCD 码　　B．ASCII 码　　C．8421 码　　D．补码
57．I/O 设备的含义是_____。
A．输入/输出设备　　B．通信设备　　C．网络设备　　D．控制设备
58．微型计算机内存储器是_____。
A．按二进制位编址　　B．按字节编址
C．按字长编址　　D．根据微处理器型号不同而编址不同
59．工厂利用计算机系统实现温度调节阀门开关，该应用属于_____。
A．过程控制　　B．数据处理　　C．科学计算　　D．CAD
60．计算机外设的工作是靠一组驱动程序来完成的，这组程序代码保存在主板的一个特殊内存芯片中，这组芯片称为_____。
A．Cache　　B．ROM　　C．I/O　　D．BIOS

61. 在微机上通过键盘输入一个程序，如果希望将该程序长期保存，应把它以文件形式_____。
A. 改名　B. 粘贴　C. 存盘　D. 复制
62. 微型计算机的_____基本上决定了微机的型号和性能。
A. 内存容量　B. CPU 类型　C. 软件配置　D. 外设配置
63. 为解决 CPU 和主存的速度匹配问题，可采用介于 CPU 和主存之间的_____。
A. 光盘　B. 辅存　C. Cache　D. 辅助软件
64. 计算机一次存取、加工和传送的二进制数据的单位称为_____。
A. bit　B. Byte　C. 字　D. KB
65. 800 个 24×24 点阵汉字字形码占存储单元的字节数为_____。
A. 72 KB　B. 256 KB　C. 55 KB　D. 56.25 KB
66. 平时讲内存储器的存储容量主要是指_____的容量。
A. RAM　B. 硬盘　C. ROM　D. 软盘
67. 在计算机内存中，每个基本存储单元都被赋予一个唯一的序号，这个序号称为_____。
A. 字节　B. 编号　C. 顺序号　D. 地址
68. 在 16×16 点阵字库中，存储一个汉字的字模信息需用的字节数是_____。
A. 8　B. 16　C. 32　D. 64
69. 在进行学术讲座时，常需要制作幻灯片，应首选_____。
A. WPS　B. Excel　C. Word　D. PowerPoint
70. 冯·诺依曼计算机工作原理的设计思想是_____。
A. 程序设计　B. 程序存储　C. 算法设计　D. 程序调试
71. 计算机最主要的工作特点是_____。
A. 程序存储与程序控制　B. 高速度与高精度
C. 可靠性　D. 具有记忆能力
72. 目前微机中配置的直径为 120 mm 的光盘其存储容量可以达到_____。
A. 320 MB　B. 650 MB　C. 1 GB　D. 2 GB 以上
73. 汉字字形码的使用是在_____。
A. 输入时　B. 内部传送时
C. 输出时　D. 两台计算机之间交换信息时
74. 计算机中，中央处理器由_____组成。
A. 内存和外存　B. 运算器和控制器　C. 硬盘和软盘　D. 控制器和内存
75. 计算机的存储系统一般指主存储器和_____。
A. 累加器　B. 寄存器　C. 辅助存储器　D. 鼠标
76. 下列存储器中存取速度最快的是_____。
A. 内存　B. 硬盘　C. 光盘　D. 软盘
77. 软盘不能写入只能读出的原因是_____。
A. 新盘未格式化　B. 已使用过的软盘
C. 写保护　D. 以上均不正确
78. 运算器的主要功能是_____。
A. 实现算术运算和逻辑运算

B. 保存各种指令信息供系统其他部件使用
C. 分析指令并进行译码
D. 按主频指标规定发出时钟脉冲

79. 列 4 条叙述中，正确的是_____。
A. 字节通常用英文单词 bit 来表示
B. 目前广泛使用的 Pentium 机，其字长为 5 B
C. 计算机存储器中将 8 个相邻的二进制位作为一个单位，这种单位称为字节（B）
D. 微型计算机的字长并不一定是字节的倍数

80. 在进位计数制中，当某一位的值达到某个固定量时，就要向高位产生进位。这个固定量就是该种进位计数制的_____。
A. 阶码　　B. 尾数　　C. 原码　　D. 基数

81. Pentium Ⅱ/500 微型计算机，其 CPU 的时钟频率是_____。
A. 500 kHz　　B. 500 MHz　　C. 250 kHz　　D. 250 MHz

82. Pentium Ⅱ/500 微型计算机，其中 Pentium Ⅱ是指_____。
A. 主板　　B. CPU　　C. 内存　　D. 软驱

83. 在计算机系统中，一个字节的二进制位数为_____。
A. 16　　B. 8
C. 4　　D. 由 CPU 的型号决定

84. 计算机的内存储器比外存储器_____。
A. 价格便宜　　B. 存储容量大　　C. 读写速度快　　D. 读写速度慢

85. 汉字国标码在汉字处理系统中作为_____。
A. 汉字输入码　　B. 机内存放码　　C. 汉字交换码　　D. 汉字输出码

86. Excel 是一种_____。
A. 表处理软件　　B. 字处理软件　　C. 财务软件　　D. 管理软件

87. 下列诸因素中，对微型计算机工作影响最小的是_____。
A. 尘土　　B. 噪声　　C. 温度　　D. 湿度

88. 计算机一次存取、加工和传送的二进制数据的单位称为_____。
A. bit　　B. Byte　　C. 字　　D. KB

第2章　计算机硬件基础知识

1. 数据存入后，不能随便更改其内容，所存储的数据只能读取，普通状态下无法将新数据写入，所以叫做_____。

A．磁芯　　B．只读内存　　C．硬盘　　D．随机存取内存

2. 下面不是多媒体系统的特点的是_____。

A．多媒体系统只能在微型计算机上运行

B．多媒体系统的最关键技术是数据压缩与解压缩

C．多媒体系统是对文字、图形、声音、活动图像等信息及资源进行管理的系统

D．多媒体系统也是一种多任务系统

3. 一个字节包含_____个比特。

A．2　　B．4　　C．8　　D．16

4. 人们常说的486、586电脑，其中的数字指的是_____。

A．硬盘的型号　　B．软盘的型号

C．显示器的型号　　D．微处理器的型号

5. 下列有关多媒体技术的多样性的叙述，不正确的是_____。

A．它意味着有格式的数据才能表达信息的含义

B．它意味着不同的媒体所表达信息的程度是不同的

C．它意味着各种信息媒体的多样化

D．它意味着媒体之间的关系也代表着信息

6. 分辨率是显示器的主要参数，它的含义为_____。

A．显示屏幕的水平和垂直扫描频率

B．同一幅画面允许显示不同颜色的最大数目

C．可显示不同颜色的总数

D．显示屏幕上光栅的列数和行数

7. 下列关于多媒体的交互性的叙述正确的是_____。

A．交互不能增加对信息的注意力和理解

B．在单一的文本空间里有较好的交互效果

C．交互性的引入可使信息转变为知识，改变信息的使用方法

D．交互的意图在于缩短信息保留时间

8. 计算机执行指令的过程：在控制器的指挥下把_____的内容经过地址总线送进存储器的地址寄存器中。

A．存储器　　B．运算器　　C．指令译码器　　D．程序计数器

9. 在一般情况下，软盘中存储的信息在断电后_____。

A．局部丢失　　B．全部丢失　　C．大部分丢失　　D．不会丢失

10. 多媒体计算机的英文缩写是______。

A. UPC　　B. MPC　　C. FPC　　D. MFC

11. 一般市面上买来的新硬盘必须进行______。

A. 低级格式化　　B. 分区和格式化　　C. 物理格式化　　D. 以上都不对

12. 目前计算机的基本工作原理是______。

A. 存储程序控制　　B. 程序设计

C. 程序设计与存储程序　　D. 存储程序

13. 为了防止计算机病毒的传染，应该做到______。

A. 不要复制来历不明的软盘上的程序

B. 对长期不用的软盘要经常格式化

C. 对软盘上的文件要经常重新复制

D. 不要把无病毒的软盘与来历不明的软盘放在一起

14. 多媒体计算机技术运用计算机综合处理声、文、图信息，具有集成性和______及信息载体多样性等特点。

A. 独立性　　B. 交互性　　C. 可靠性　　D. 安全性

15. 多媒体信息在网上传输时，瓶颈是______信号的传输。

A. 文本　　B. 位图　　C. 视频　　D. 音频

16. 在微机内存中，每个存储单元都给一个序号，这个序号称为______。

A. 操作码　　B. 地址　　C. 编号　　D. 位号

17. 常用于表示声卡性能的参数是量化位数和______。

A. 压缩率　　B. 解码效率　　C. 音响　　D. 采样频率

18. 双面高密度 3.5 in 软盘的存储容量为______。

A. 360 KB　　B. 1.2 MB　　C. 720 KB　　D. 1.44 MB

19. 存储一个 24×24 汉字的字形信息需要______字节。

A. 4×4　　B. 3×16　　C. 24×24　　D. 3×24

20. 一般读取光盘数据都在光盘的______进行。

A. 光盘的两面　　B. 只能一面可以

C. 只能是圆孔边沿　　D. 以上的都不对

21. 声波实际上是连续信号，计算机处理这些信号时，必须对连续信号______，即按一定的时间间隔取值。

A. 采样　　B. 量化　　C. 编码　　D. 测量

22. MIDI 文件是最常用的数字音频文件之一，它是一种______“音乐语言”。

A. 描述性　　B. 说明性　　C. 功能性　　D. 控制性

23. 下面关于多媒体系统的描述中，______是不正确的。

A. 多媒体系统是对文字、图形、声音、活动图像等信息及资源进行管理的系统

B. 多媒体系统的最关键技术是数据压缩与解压缩

C. 多媒体系统只能在微型计算机上运行

D. 多媒体系统也是一种多任务系统

24. 下面______显示器的性能最好。

A. CGA　　B. EGA　　C. VGA　　D. XGA

25．通常人们所说的 32 位机，指的是这种计算机的 CPU______。

A．是由 32 个运算器组成的　　B．能够同时处理 32 位二进制数据

C．包含有 32 个寄存器　　D．一共有 32 个运算器和控制器

26．通常所说的 24 针针式打印机，其中 24 针是指______。

A．打印头内有 24×24 根针　　B．信号针插头有 24 针

C．打印头内有 24 根针　　D．24×24 点阵

27．MIDI 文件播放原理叙述如下，它根据其记录的乐曲信息向波表 ROM 发出指令，从中逐一取出相对应的乐器声音信息后经______、加工后回放出来。

A．时间离散　　B．空间离散　　C．合成　　D．分解

28．内存和外存相比，其主要特点是______。

A．能存储大量信息　　B．能长期保存信息

C．存取速度快　　D．能同时存储程序和数据

29．微型计算机内存储器______。

A．按二进制编址　　B．按字节编址

C．按字长编址　　D．根据微处理器型号不同而编址不同

30．如果要用动画的形式来观看计算机模拟的结果，最好使用______。

A．数字化仪　　B．击打式打印机

C．图形显示器　　D．笔式绘图仪

31．下列硬件______是 MPC 联盟规定的多媒体计算机应包括的硬件。

（1）CD-ROM　　（2）个人计算机　　（3）声音卡　　（4）调制解调器

A．仅（1）　　B．（1）（2）　　C．（1）（2）（3）　　D．全部

32．计算机之所以能够按照人的意图自动地进行操作，主要是因为采用了______。

A．二进制编码　　B．高级语言

C．存储程序控制　　D．高速的电子元件

33．一般的针式打印机是连接在计算机的______。

A．并行接口上　　B．串行接口上　　C．显示器接口上　　D．键盘接口上

34．在计算机多媒体技术中，媒体是指______。

A．传输介质　　B．通信设备　　C．信息和载体　　D．人机交互工具

35．“32 位微型计算机”这种说法中的 32 指的是______。

A．微机型号　　B．内存容量　　C．存储单位　　D．机器字长

36．下列概念叙述正确的是______。

A．汉字的计算机内码就是国标码

B．存储器具有记忆能力，存放的信息任何时候都不会丢失

C．所有十进制小数都能准确地转换为有限位二进制小数

D．所有的二进制小数都能准确地转换为十进制小数

37．存储 1 024 个 32×32 点阵的汉字字形所需的存储容量是______KB。

A．125　　B．126　　C．127　　D．128

38．计算机多媒体技术处理的对象主要是以文字、图像、声音为______。

A．传输介质　　B．存储介质　　C．表达形式的信息　　D．人机交互工具

39. 鼠标是一种产生控制计算机显示屏幕______的设备。

A. 活动　　B. 光标位置移动　　C. 变化　　D. 换页

40. 微型计算机中使用的鼠标是连接在______。

A. 打印机接口上的　　B. 显示器接口上的　　C. 并行接口上的　　D. 串行接口上的

41. 能直接与 CPU 交换信息的功能单元是______。

A. 硬盘　　B. 控制器　　C. 主存储器　　D. 运算器

42. 下列标记中与键盘有关的是______。

A. PRN　　B. CRT　　C. CON　　D. NUL

43. 下列 4 种存储器中，存取速度最慢的是______。

A. 磁带　　B. 软盘　　C. 硬盘　　D. 内存储器

44. 将微机的主机与外部设备相连的是______。

A. 总线　　B. 磁盘驱动器

C. 内存　　D. 输入/输出接口电路

第3章 计算机软件基础知识

1. 计算机软件系统通常分为_____。

A. 系统软件和应用软件　　B. 高级软件和一般软件

C. 军用软件和民用软件　　D. 管理软件和控制软件

2. 用高级语言编写的源程序，通过_____程序生成目标程序文件后才能被计算机执行。

A. 编辑　　B. 编译　　C. 解释　　D. 汇编

3. 把高级语言源程序逐条翻译并执行的是_____。

A. 编译程序　　B. 服务程序　　C. 解释程序　　D. 汇编程序

4. 应用软件是指_____。

A. 所有计算机上都能应用的软件　　B. 为解决某一实际应用而编写的软件

C. 能够使用的所有软件　　D. 能被各应用单位共同使用的软件

5. 计算机可直接执行的程序是_____。

A. 一种数据结构　　B. 指令序列　　C. 软件规范书　　D. 一种信息结构

6. 机器语言编写的程序是_____。

A. 不需要任何翻译就可以执行的程序　　B. 一种通用性很强的程序

C. 需要翻译后计算机才能执行的程序　　D. 面向程序员的程序

7. 计算机指令构成的语言称为_____。

A. 汇编语言　　B. 高级语言　　C. 机器语言　　D. 自然语言

8. 把高级语言程序翻译成目标程序用_____。

A. 编译程序　　B. 服务程序　　C. 解释程序　　D. 汇编程序

9. 高级语言编写出来的程序，一般应翻译成_____。

A. 编译程序　　B. 解释程序　　C. 执行程序　　D. 目标程序

10. 将高级语言程序翻译成机器语言程序的是_____。

A. 编译程序　　B. 汇编程序　　C. 监控程序　　D. 诊断程序

11. 机器语言程序在机器内部是以_____编码形式表示的。

A. 条形码　　B. 拼音码　　C. 汉字码　　D. 二进制码

12. 计算机软件可分为_____软件和应用软件两大类。

A. 高级　　B. 计算机　　C. 系统　　D. 通用

13. 编译程序和解释程序都是_____。

A. 高级语言　　B. 语言编辑程序

C. 语言连接程序　　D. 语言处理程序

14. 用高级语言编写的程序称为_____。

A. 源程序　　B. 目标程序

C. 汇编程序　　D. 命令程序

15. ______的作用主要是控制和管理计算机硬件和软件资源、合理地组织计算机工作流程以及方便用户。

A．监控程序　　B．操作系统　　C．编译系统　　D．应用程序

16. 用于科学和工程计算的主要语言是______。

A．PASCAL　　B．BASIC　　C．C　　D．FORTRAN

17. 编译程序的功能是______。

A．发现源程序中的语法错误

B．将某一高级语言程序翻译成另一种高级语言程序

C．将源程序编译成目标程序

D．改正源程序中的语法错误

18. 操作系统是一种系统软件，它的作用是______。

A．对计算机资源的控制和管理　　B．对计算机外部设备的管理

C．语言编译程序　　D．面板操作程序

19. 计算机的指令通常是由______两部分组成。

A．字符与数字　　B．控制码与数据

C．操作码与数据码　　D．操作码与地址码

20. 我国拥有自主版权的字表处理软件中，使用最广泛的是______。

A．WPS　　B．Lotus　　C．CCED　　D．Word

21. Word 2000 是______。

A．系统软件　　B．应用软件　　C．教育软件　　D．工具软件

22. 计算机硬件的______部分负责对作业或进程进行调度。

A．主存储器　　B．控制器　　C．运算器　　D．处理机

23. 适用于系统开发的主要语言是______。

A．ADA　　B．BASIC　　C．PASCAL　　D．C

24. 软件包括______。

A．程序　　B．程序及文档

C．文档及数据　　D．算法及数据库结构

25. 微型计算机能直接识别并执行的语言是______。

A．汇编语言　　B．编译语言　　C．高级语言　　D．机器语言

26. 编译程序的作用是______。

A．将 Windows 操作命令翻译成机器代码执行

B．将机器代码翻译成汇编语言程序

C．将高级语言编制的程序翻译成机器指令代码的目标程序

D．将汇编语言程序翻译成机器代码

27. 某学校的财务管理程序属于______。

A．系统软件　　B．应用软件　　C．管理软件　　D．多媒体软件

28. 下列______是应用软件。

A．VFP 6.0　　B．Windows　　C．C 语言编译程序　　D．财务管理软件

29. C 语言编译系统是______。

A．应用软件　　B．系统软件　　C．操作系统　　D．用户文件

30. 源程序是指______。

A. 机器语言程序　　B. 高级语言或汇编语言编制的程序

C. 用反汇编翻译成的汇编语言　　D. 用C语言编制的程序

31. 操作系统主要是对计算机系统的全部______进行管理。

A. 应用软件　　B. 系统硬件　　C. 资源　　D. 设备

32. Word 2000 属于______。

A. 系统软件　　B. 应用软件　　C. 管理软件　　D. 多媒体软件

33. 编制完成一段程序后，一般执行的是该段程序的______。

A. 源程序　　B. 汇编程序　　C. 目标程序　　D. 应用程序

34. 用高级语言编写的程序称为______。

A. 源程序　　B. 汇编程序　　C. 目标程序　　D. 应用程序

35. 源程序必须转换成可执行程序，此可执行程序称为______。

A. 源程序　　B. 目标程序　　C. 连接程序　　D. 编译程序

36. 系统软件中最重要的是______。

A. 操作系统　　B. 语言处理程序

C. 工具软件　　D. 数据库管理软件

37. 用汇编语言编制的程序，可以______。

A. 在不同类型的计算机上执行　　B. 由硬件直接识别并执行

C. 经解释程序解释后执行　　D. 经汇编程序处理后执行

38. 汇编语言源程序需经______翻译成目标程序后才能执行。

A. 监控程序　　B. 汇编程序　　C. 机器语言程序　　D. 链接程序

39. 计算机可以直接执行的程序是______。

A. 汇编语言　　B. 高级语言程序　　C. 机器语言程序　　D. 源程序

40. 用解释方式程序设计语言编写的源程序需由______程序边翻译边执行。

A. 编译　　B. 解释　　C. 操作　　D. 汇编

41. 在微型计算机中，应用最普遍的字符编码是______。

A. BCD 码　　B. 补码　　C. ASCII 码　　D. 汉字编码

42. 现代计算机之所以能自动地连续进行数据处理，主要是因为采用了______。

A. 开关电路　　B. 半导体器件

C. 存储程序控制的工作原理　　D. 二进制

第4章 计算机操作基础知识

1. 3.5 in 软盘的写保护口关闭时______。

   A. 只能读不能写　　B. 只能写不能读

   C. 既能写又能读　　D. 不起任何作用

2. 双面高密度 3.5 in 软盘的容量是______。

   A. 360 KB　　B. 720 KB　　C. 1.2 MB　　D. 1.44 MB

3. 把个人计算机中硬盘上的数据传送到软盘上，叫做______。

   A. 写操作　　B. 读操作　　C. 输入操作　　D. 以上都不是

4. 若双面高密软盘格式化后的容量为标准化容量，每面有 80 个磁道，每个磁道有 15 个扇区，那么每个扇区的字节数是______。

   A. 128　　B. 256　　C. 512　　D. 1024

5. 磁盘的磁面上有许多半径不同的同心圆，这些同心圆叫做______。

   A. 扇区　　B. 磁道　　C. 磁柱　　D. 字节

6. 软盘磁道的编号规则是______依次由小到大进行编号。

   A. 从两边向中间　　B. 从中间向两边　　C. 从外向内　　D. 从内向外

7. 下列选项中表述错误的是______。

   A. 软盘驱动器上的指示灯亮时表示磁头正在进行读写操作，此时不能取出磁盘

   B. 禁止弯折软盘和触摸软盘裸露部分

   C. 关闭计算机时，系统引导盘必须插入 A 驱中

   D. 不能在软盘的盘片上直接写字

8. 下列选项中表述错误的是______。

   A. 磁盘不能靠近高温及磁性物体　　B. 不能接触暴露出来的盘片

   C. 磁盘不能弯曲　　D. 正常盘与染病毒的盘混放后也会感染

9. 对标准磁盘中扇区的表述错误的是______。

   A. 每一磁道都可分为若干个扇区　　B. 每一扇区所能存储的数据量均相同

   C. 每一扇区存储的数据密度都相同　　D. 存取数据时不需要指明扇区的编号

10. 目前计算机上最常用的外存储器是______。

    A. 磁带　　B. 数据库　　C. 磁盘　　D. Cache

11. 硬盘与相应的驱动器和适配器一起统称为______。

    A. 输入/输出设备　　B. 内存储器　　C. 硬盘存储器　　D. 外存储器

12. 计算机上使用的 CD-RW 盘片是一种______。

    A. 只读型光盘　　B. 一次擦写式光盘

    C. 多次擦写式光盘　　D. 只读型大容量光盘

13. 磁盘、磁带和光盘属于计算机系统中最常用的_____设备。

A．内存储器　　B．外存储器　　C．扩展内存　　D．主存

14. 下面_____中的设备依次属于：输入设备、输出设备和存储设备。

A．手写板、CPU、ROM　　B．硬盘、光电鼠标、键盘

C．光电鼠标、绘图仪、光盘　　D．磁带、扫描仪、热敏打印机

15. 磁盘缓冲区是_____。

A．硬盘上存放临时数据的一个存储空间

B．读写磁盘文件时用到的三寸磁盘中的一个区域

C．在 BIOS 中保留的一个区域

D．上述三者都不对

16. 键盘上可用于转换大小写字母的键是_____。

A．Esc　　B．Caps Lock　　C．Shift　　D．B，C 选项都对

17. 若窗口的“常用”工具栏没有“打开”、“工具”和“保存”等按钮，应在_____菜单中改变设置。

A．“视图”　　B．“插入”　　C．“格式”　　D．“工具”

18. 计算机病毒是一种_____。

A．特殊的计算机部件　　B．计算机专用文件

C．微生物“病原体”　　D．程序

19. 计算机病毒对于操作该计算机的人_____。

A．只会感染，但不会致病　　B．存在着感染致病的可能

C．不会感染　　D．不触摸主机箱内的设备就不会感染

20. 计算机病毒具有隐蔽性、潜伏性、传播性、激发性和_____的特点。

A．恶作剧性　　B．入侵性　　C．破坏性　　D．可扩散性

21. 计算机病毒的主要特征是_____。

A．只会感染人但不会致病　　B．造成计算机设备永久失效

C．可以格式化磁盘　　D．传染性、隐蔽性、破坏性和潜伏性

22. 下面对计算机病毒可能的传播途径表述不正确的是_____。

A．使用来源不明的软件　　B．借用朋友的软盘

C．下载网上的图片　　D．把有毒和无毒的软盘混放在一块

23. 某软盘已感染病毒，为防止该病毒传染计算机系统，正确的措施是_____。

A．删除该软盘上所有的应用程序　　B．给该软盘加上写保护

C．利用阳光中的紫外线杀毒后再用　　D．将该软盘重新格式化

24. 磁盘一旦感染了病毒就会对_____带来实质性的损坏。

A．磁盘　　B．磁盘驱动器

C．磁盘和其中的程序及数据　　D．磁盘中的程序和数据

25. 以下措施不能有效防止计算机病毒的是_____。

A．软盘未做写保护

B．不用来源不明的磁盘

C．先用杀毒软件对从其他计算机复制来的文件进行查杀病毒工作

D．经常升级防病毒软件的版本

26．采用_____措施可初步防止计算机感染计算机病毒。

A．不使用有病毒的软盘　　B．不让有“非典”等传染病的人操作

C．提高计算机电源的稳定性　　D．联机操作

27．下列选项提出的计算机安全防护措施中，_____是最为重要的。

A．提高机房管理水平和技术水平　　B．提高硬件设备运行的可靠性

C．预防计算机病毒的传染和传播　　D．尽量防止自然因素的损害

28．金山毒霸软件主要是用于对计算机的_____。

A．病毒检查和消除　　B．病毒分析和统计

C．病毒防疫　　D．病毒防卫

29．下列计算机环境中，最不易受到病毒侵入的是_____。

A．局域网中　　B．客户/服务机环境

C．因特网　　D．以拨号方式相连的几台 PC

30．下列选项中表述正确的是_____。

A．计算机指令是指挥 CPU 进行操作的命令

B．显示器既是输入设备又是输出设备

C．微型计算机就是体积不大的计算机

D．软盘驱动器属于主机，软盘属于外设

31．下列选项中说法正确的是_____。

A．买计算机时买最高档的可以避免贬值

B．频繁开、关机对计算机的使用寿命并无实质影响

C．为防止计算机感染病毒，可以用消毒液清洗计算机

D．系统启动软盘应加上写保护，最好不要存放用户程序及数据

32．不会影响计算机正常工作的是_____。

A．硬件配置达不到系统要求　　B．软件中含有 bug

C．用户操作不当　　D．房间光线过暗

33．下列叙述中，错误的一条是_____。

A．计算机应经常使用，不宜长期搁置不用

B．计算机应避免频繁开关，以延长其使用寿命

C．计算机应避免置于强磁场中

D．计算机使用时间不宜过长，而应隔几个小时就关机一次，这样利于散热

34．下面的 4 个叙述中，_____是正确的。

A．外存上的数据信息可直接送入 CPU 中进行处理

B．磁盘必须进行格式化才能在计算机上使用

C．键盘和显示器都属于计算机的 I/O 设备，它们分别是输入、输出设备

D．汉字与英文一样都只有通过键盘才能输入到计算机中

35．下列选项中正确的是_____。

A．使用光电鼠标要先安装其驱动程序　　B．热敏打印机可以进行复写打印

C．显示器可直接与主机相连　　D．用杀毒软件可以清除一切病毒

36. 计算机“死机”时，重新启动计算机的最合适的方法是_____。

A. 过 30 秒再开机　B. 复位启动　C. 冷启动　D. 热启动

37. 下列表述中，正确的是_____。

A. 在不同的软件环境下，键盘上的【F1】～【F12】功能键的作用保持一致

B. 计算机内部的数据信息采用二进制表示，而程序则用字符表示

C. 计算机汉字字模的作用是供屏幕显示和打印输出

D. 计算机主机箱内的所有部件均由大规模或超大规模集成电路构成

38. 目前在计算机信息处理传输过程中，_____是唯一切实可行的安全技术。

A. 无线通信技术　B. 专门开发的网络传输技术

C. 密码技术　D. 校验技术

39. 计算机病毒会导致_____。

A. CPU 的烧毁　B. 磁盘驱动器的损坏

C. 程序和数据的破坏　D. 磁盘的损坏

第 5 章　Windows 操作系统基础知识

1．显示以前打开过的文档清单，可以选择“开始”菜单中的_____命令。

A．查找　　B．“我最近的文档”　　C．所有程序　　D．设置

2．通常情况下，Windows 用户通过在桌面上______，可以在弹出的快捷菜单中选取相应命令来创建快捷方式。

A．双击鼠标右键　　B．双击鼠标左键

C．单击鼠标右键　　D．单击鼠标左键

3．在 Windows 的窗口中分为_____两类。

A．文档窗口和编辑窗口　　B．应用程序窗口和文档窗口

C．应用程序窗口和编辑窗口　　D．主窗口和程序窗口

4．下列有关 Windows“查找”程序的说法中，错误的是_____。

A．它可以根据文件的属性进行查找　　B．它可以根据文件的位置进行查找

C．它可以根据文件的内容进行查找　　D．它可以根据文件的修改日期进行查找

5．在 Windows 操作系统中的“任务栏”上存放的是_____。

A．系统后台运行的程序　　B．系统前台运行的程序

C．系统正在运行的所有程序　　D．系统中保存的所有程序

6．下列有关 Windows 中文输入的说法，错误的是_____。

A．按【Ctrl+Shift】组合键可进行中英文输入法的切换

B．按【Ctrl+空格】组合键可进行中英文输入的切换

C．只用键盘而不用鼠标则不能输入汉字

D．只用鼠标而不用键盘也可以输入汉字

7．下列说法中正确的是_____。

A．从硬盘启动 DOS 称为冷启动　　B．断电状态下启动 DOS 称为冷启动

C．冷启动是接通电源　　D．冷启动是 DOS 系统的第一次启动

8．在 Windows 系统中，下列文件名中使用正确的是_____。

A．A<>B.C　　B．A?B.DOC

C．My System95.txt　　D．中国/南京.DOC

9．在 Windows 系统中，能进行中英文标点切换的快捷键是_____。

A．Ctrl+.　　B．Ctrl+/　　C．Ctrl+;　　D．Ctrl+,

10．关于 Windows 菜单中的复选项正确的理解是_____。

A．可以同时选用的几个功能项，选定时左侧出现√标记

B．并列的几个功能中每次只能选用其一，选中时左侧出现 · 标记

C．并列的几个功能中每次只能选用其一，选中时左侧出现√标记

D．可以同时选用的几个功能项，选中时左侧出现 · 标记

11. 使用 Windows“常用”工具栏中的_____按钮会将操作对象删除并存放到剪贴板上。
A.“复制” B.“删除” C.“剪切” D.“粘贴”
12. 进行输入法程序的安装和删除，应利用 Windows 中的_____。
A. 状态栏 B. 控制面板 C. 输入法生成器 D. 附件组
13. 选中文件，再右击，在弹出的快捷菜单中选择_____命令，然后打开目标文件夹进行“粘贴”，就可以在 Windows 的不同文件夹间复制文件。
A.“剪切” B.“发送” C.“剪贴” D.“复制”
14. 对 Windows 对话框的描述，错误的说法是_____。
A. 对话框中没有状态栏
B. 对话框含有菜单栏、工具栏
C. 对话框的标题栏中含有关闭、最大化、最小化这 3 个按钮
D. 对话框的大小是可以调整的
15. 在中文 Windows 中，文件名不可以_____。
A. 使用汉字字符 B. 包含各种标点符号
C. 长达 255 个字符 D. 包含空格
16. 磁盘碎片整理程序，找到并运行它的步骤是_____。
A. 选择“开始”|“所有程序”|“附件”|“系统工具”命令
B. 选择“我的电脑”|“控制面板”命令
C. 选择“我的电脑”|“控制面板”|“辅助选项”命令
D. 选择“资源管理器”命令
17. 设置屏幕保护程序，在控制面板中可以用_____图标。
A. 辅助选项 B. 系统 C. 多媒体 D. 显示器
18. Windows 菜单中，带有下一级菜单的选项是指_____。
A. 选项后面带有省略号（…）标记的
B. 并列的几个功能项中每次只能选用其一的，选定时左侧出现 · 标记的
C. 选项后面带有三角符号标记的
D. 可以同时选用的几个功能项，选定时左侧出现√标记的
19. Windows 中“画图”程序默认的文件类型扩展名是指_____。
A. .doc B. .gif C. .wri D. .bmp
20. 启动 Windows 后，桌面上会显示“我的电脑”、“网上邻居”和_____等几个主要图标。
A. 附件 B. 回收站 C. 游戏 D. 资源管理器
21. 在 Windows 系统中，关于对话框的不正确说法是_____。
A. 对话框的位置可以移动 B. 对话框的大小可以改变
C. 对话框具有窗口的所有功能 D. 对话框可以极小化为任务栏按钮
22. 在 Windows 中全/半角状态的转换键是_____。
A. Ctrl+空格 B. Alt+空格 C. Shift+空格 D. Caps Lock
23. 文件的含义是_____。
A. 记录在磁盘上的一组相关命令的集合 B. 记录在磁盘上的一组相关程序的集合
C. 记录在内存上的一组相关数据的集合 D. 记录在外存上的一组相关信息的集合
24. 在 Windows 环境中，MS-DOS 程序以全屏幕方式和窗口方式运行时相比较，下面的说法正

确的是_____。

A. 全屏方式占用的内存较多　　B. 窗口方式占用的内存较多
C. 不一定　　D. 两者占用的内存一样多

25. 在 Windows 桌面上，不可按_____顺序排序图标。
A. 大小　　B. 类型　　C. 日期　　D. 样式

26. 在 Windows 中要播放 CD 唱盘，可用_____工具。
A. Office　　B. 多媒体　　C. 记事本　　D. 书写器

27. 在 Windows 中运行应用程序时，下列_____不能调出帮助信息。
A. 按【F10】键　　B. 按【F1】键
C. 单击窗口右上角的？按钮　　D. 选择“帮助”菜单

28. Windows 的文件属性不包括下列的_____属性。
A. 只读　　B. 系统　　C. 隐藏　　D. 应用

29. 在 Windows 中，被删除的文件可以通过_____恢复。
A. 我的公文包　　B. 任务栏　　C. 回收站　　D. 系统工具

30. Windows 中，任务栏不能进行_____操作。
A. 移动位置　　B. 删除　　C. 改变尺寸大小　　D. 隐藏

31. 下列关于文档窗口的说法中正确是_____。
A. 只能打开一个文档窗口
B. 可以同时打开多个文档窗口，但在屏幕上只能见到一个文档的窗口
C. 可以打开多个文档窗口，但其中只有一个是活动窗口
D. 可以同时打开多个文档窗口，被打开的窗口都是活动窗口

32. Windows 的_____功能不属于“附件”。
A. 系统工具　　B. 文件检索　　C. 造字程序　　D. 游戏

33. 当系统显示 Bad command or file name 错误信息时，应从_____两个方面进行检查。
A. 磁盘是否贴有写保护，命令字拼写及格式是否正确
B. 内存中是否有该文件，是否为可执行文件
C. 磁盘驱动器是否写保护，磁盘是否贴有写保护
D. 查看命令及格式拼写是否正确，查看磁盘上是否有该文件

34. 通过将光标移到 Windows 桌面图标上，然后_____击将打开窗口。
A. 双　　B. 三　　C. 不　　D. 单

35. Windows 内部的中文输入法提供了诸如标准 PC 键盘，日文平假名键盘和_____等许多软键盘。
A. 数学符号键盘　　B. 图形符号键盘　　C. 拉丁字母键盘　　D. 控制符号键盘

36. 在 Windows 中，_____不暂存在剪贴板中。
A. 文字　　B. DOS 环境下复制或剪切的内容
C. 符号　　D. 图像

37. Windows 操作的特点为_____。
A. 同时选择操作对象和操作项　　B. 将操作项拖到操作对象上
C. 首先选择操作对象，再选择操作项　　D. 首先选择操作项，再选择操作对象

38. Windows 的操作_____。
A. 既可用鼠标，也可用键盘　　B. 必须用鼠标

C．可以用鼠标也可以不用鼠标　　D．必须用键盘

39．在 Windows 环境下，每一个应用程序或程序组都有一个标识自己的______。

A．图标　　B．缩写名称　　C．编号　　D．编码

40．在 Windows 中，______功能是“资源管理器”不能实现的。

A．格式化硬盘　　B．打印关联文档文件

C．改变文件属性　　D．建立子目录

41．重新启动 Windows，______启动方式可以越过“自检”过程。

A．关、开电源　　B．按【Ctrl+Break】组合键

C．按【Ctrl+Alt+Del】组合键　　D．按【Reset】按钮

42．若选中菜单中后面跟有省略号（…）的选项，就会______。

A．需要输入特殊的信息　　B．弹出一个子菜单

C．当前不能选取该菜单　　D．弹出一个对话框

43．要启动应用程序并运行，下列操作中错误的是______。

A．通过系统菜单中的“设置”命令来运行任何一个程序

B．使用“开始”按钮来运行任何一个程序

C．通过系统菜单中的“运行”命令来运行任何一个程序

D．使用“浏览”按钮来运行任何一个程序

44．Windows 中，“文件”菜单中的命令根据选定的文件类型不同而 ______。

A．有所不同　　B．总是相同的　　C．有时候相同　　D．有时候不同

45．关于 Windows，以下 4 项描述中，不正确的是______。

A．在“控制面板”窗口中双击“鼠标”选项，在弹出的“属性”对话框中可以设置鼠标光标的形状

B．在“控制面板”窗口中双击“鼠标”选项，在弹出的“属性”对话框中可以设置鼠标双击的速度

C．在“控制面板”窗口中双击“鼠标”选项，在弹出的“鼠标属性”对话框中可以设置鼠标的左右手使用方式

D．在“控制面板”窗口中双击“鼠标”选项，在弹出的“属性”对话框中可以设置鼠标单击的速度

46．在 Windows 环境下，完成下列操作，不限操作方式。

（1）将考生文件夹下的 limits 子文件夹中的文件 TIPS64.htm 复制到子文件夹 Office2003 下。

（2）将考生文件夹下的 NetTeach 子文件夹中的文件 midi15.mid 删除。

（3）将考生文件夹下的 jump 子文件夹中的文件 FFLUSH.exe 重命名为 B01.jpg。

（4）将考生文件夹下的 Cache 子文件夹中的文件 dsnide50.bpl 移动到子文件夹 docs 下。

（5）在考生文件夹下新建一个名为 majang 的文件夹。

47．在 Windows 环境下，完成下列操作，不限操作方式。

（1）将考生文件夹下的 APPC 子文件夹中的文件 mbsdup.c 复制到子文件夹 chenchen 下。

（2）将考生文件夹下的 journal 子文件夹中的文件 activscp.idl 删除。

（3）将考生文件夹下的 AI 子文件夹中的文件 about.pas 重命名为 okcnhlp2.cpp。

（4）将考生文件夹下的 GameMenu 子文件夹中的文件 mask.hpp 移动到子文件夹 Examples 下。

（5）在考生文件夹下新建一个名为 CH18 的文件夹。

第 6 章　Word 文字处理基础知识

1. 在文档中每一页都要出现的内容都应当放到_____中。
   A. 文本　B. 图文框　C. 页眉和页脚中　D. 批注
2. 在 Word 中，要为同一个文档打开两个窗口，其操作方法是_____。
   A. 选择“窗口”菜单下的“新建窗口”命令
   B. 选择“窗口”菜单下的“全部重排”命令
   C. 选择“窗口”菜单下的“拆分”命令
   D. 选择“插入”菜单下的“文件”命令
3. 要进入页眉和页脚编辑区，可选择_____菜单，选择页眉和页脚命令
   A. “文件”　B. “编辑”　C. “视图”　D. “格式”
4. 如果已有页眉或页脚，要再次进入页眉页脚区，只需双击_____就行了。
   A. 文本区　B. 菜单区　C. 工具栏区　D. 页眉页脚区
5. 在 Word 编辑状态下，用鼠标选择某单词时，可_____该插入点。
   A. 单击　B. 双击　C. 三击　D. 右击
6. 在 Word 中，用鼠标选择某句子时，需按住【Ctrl】键，并_____该句子中的文本。
   A. 单击　B. 双击　C. 三击　D. 右击
7. 在 Word 编辑中同时打开多个文档后，同一时刻只有_____个是当前文档。
   A. 4　B. 9　C. 1　D. 2
8. 在 Word 中选择“格式”|“字体”命令，弹出“字体”对话框，在其中不能_____。
   A. 使字体倾斜　B. 设置字符下画线
   C. 使字体侧转 90°　D. 设置字体空心
9. 插入分节符或分页符可通过_____菜单。
   A. “文件”|“页面设置”　B. “格式”|“段落”
   C. “格式”|“制表符”　D. “插入”|“分隔符”
10. 在 Word 编辑状态下，进入艺术字环境是通过选择_____命令来实现的。
    A. “文件”|“打开”　B. “编辑”|“查找”
    C. “插入”|“图片”　D. “工具”|“选项”
11. Word 文档的文件扩展名是_____。
    A. .bmp　B. .txt　C. .doc　D. .tmp
12. 在 Word 编辑状态下，要使文档内容居中对齐时，可选择_____命令。
    A. “格式”|“字体”　B. “格式”|“段落”
    C. “工具”|“自动更正”　D. “工具”|“修订”
13. 在 Word 中，选择_____命令，可将一段文本移到另一处。
    A. “复制”|“粘贴”　B. “剪切”|“粘贴”

C．“剪切”|“复制”　　D．“粘贴”|“复制”

14．一个非 Word 格式的文件在 Word 中打开时，______。

A．完全不能使用　　B．经过转换可以使用

C．可以直接使用　　D．只有纯文本文件才能使用

15．如果要选定一组相邻的对象，可以单击第一个对象，然后按住______键并单击最后一个对象。

A．【Ctrl】　　B．【Alt】　　C．【Shift】　　D．【Tab】

16．Word 文档中不能加入______。

A．文字　　B．图片

C．公式　　D．二进制指令程序

17．Word 创建一个新文档后，该文档______。

A．自动以用户输入的前 8 个字符作为文件名　　B．没有文件名

C．自动命名为*.doc　　D．自动命名为“文档 1”、“文档 2”等

18．在 Word 编辑状态下连续进行了两次“插入”操作，当单击一次“撤销”按钮后，其结果是______。

A．将两次插入的内容全部取消　　B．将第一次插入的内容取消

C．将第二次插入的内容取消　　D．两次插入的内容都不被取消

19．要显示页眉和页脚，必须使用______显示方式。

A．普通视图　　B．大纲视图　　C．全屏视图　　D．页面视图

20．在 Word 编辑状态下，按先后顺序依次打开了 d1.doc、d2.oc、d3.doc、d4.doc 这 4 个文档，则当前的活动窗口是______。

A．d1.doc 的窗口　　B．d2.doc 的窗口

C．d3.doc 的窗口　　D．d4.doc 的窗口

21．打开 Word 文档是指______。

A．把文档的内容从内存中读入并显示出来

B．把文档的内容从磁盘读入内存并显示出来

C．显示并打印出指定文档的内容

D．为指定文档开设一个新的空文档窗口

22．在 Word 的编辑状态下，选择“编辑”|“粘贴”命令的结果是______。

A．被选择的内容移到插入点处　　B．被选择的内容移到剪贴板

C．剪贴板中的内容移到插入点处　　D．剪贴板中的内容复制到插入点处

23．在中文 Word 中，“工具栏”命令位于______菜单中。

A．“格式”　　B．“工具”　　C．“视图”　　D．“全屏显示”

24．在 Word 编辑状态下，选择“文件”|“保存”命令，其结果是______。

A．可以将当前文档存储在已有的任意文件夹内

B．只能将当前文档存储在原文件内

C．可以先建立一个新文件夹，再将文档存储在该文件夹内

D．将所有打开的文档存盘

25．在 Word 中，关于选择文本的正确说法是______。

A．只能用鼠标　　B．只能使用键盘

C．不能使用键盘　　D．既能使用鼠标又能使用键盘

26．“在打印预览状态下能打印文件吗”的回答是______。

A．必须退出预览状态后才可打印　　B．在打印预览状态下也可打印

C．在打印预览状态下不可打印　　D．只能在打印预览状态下才可打印

27．Word 主窗口的标题栏右边的 3 个按钮中最左边的按钮是______。

A．“最小化”按钮　　B．“最大化”按钮

C．“关闭”按钮　　D．“还原”按钮

28．Word 中的标尺分为______。

A．英寸标尺和厘米标尺　　B．水平标尺和垂直标尺

C．左缩进标尺和右缩进标尺　　D．点标尺和线标尺

29．当前插入点在 Word 表格的某行的最后一个单元格内，按【Enter】键后，其结果是______。

A．插入点所在的行加宽　　B．插入点所在的列加宽

C．在插入点下一行增加一行　　D．对表格不起作用

30．在 Word 中，设置字体时应使用______。

A．“格式”菜单　　B．“编辑”菜单

C．“视图”菜单　　D．“工具”菜单

31．下列______操作不能退出 Word。

A．双击标题栏左边的 W　　B．单击标题栏右边的 X

C．选择“文件”“关闭”命令　　D．选择“文件”|“退出”命令

32．在进入 Word 时，下列叙述中正确的是______。

A．系统自动打开一个空文档　　B．系统不能自动打开任何文档

C．系统自动打开最近被 Word 处理过的文档　　D．系统自动打开一个已创建的文档

33．在 Word 文档中，若要绘制一个正方形需要按住______键，再拖动鼠标移动。

A．【Ctrl】　　B．【Shift】　　C．【Alt】　　D．【Tab】

34．要打开已有的 Word 文档，下列操作中______是错误的。

A．在“文件”菜单的底部选择一个 Word 文档名

B．按快捷键【Ctrl+N】后再输入 Word 文档名

C．在弹出的“打开”对话框中输入 Word 文档名

D．单击“开始”按钮，选择“我最近的文档”命令后再选择 Word 文档名

35．要对一个 Word 文档进行编辑，首先要______。

A．将该文档存储于磁盘中　　B．在 Word 中打开该文档

C．在“资源管理器”中右击该文件　　D．显示该文件内容

36．Word 中的文档不能以______格式保存。

A．文本文件　　B．Word 文档　　C．图形文件　　D．Web 页

37．在文本编辑过程中，复制文本可以使用______。

A．鼠标和剪贴板　　B．剪贴板和键盘

C．剪贴板　　D．鼠标、键盘

38．Word 中 Web 版式视图方式能查看到______。

A．图形　　B．页眉　　C．页脚　　D．页码

39. 在 Word 中，每单击一次“撤销”按钮，就_____。
A. 撤销两个上一次操作　　B. 撤销一个上一次操作
C. 撤销全部操作　　D. 撤销所有的操作

40. 在用 Word 编辑文档时，要将“选择”的内容复制到剪贴板上，错误的操作是_____。
A. 单击“常用”工具栏中的“复制”按钮　　B. 选择“编辑”|“复制”命令
C. 按【Ctrl+V】组合键　　D. 按【Ctrl+C】组合键

41. 打开 Word 文件并对其编辑修改后，希望保存修改后的文档，且不覆盖源文件，则应当选择“文件”菜单中的_____命令。
A. “保存”　　B. “另存为”　　C. “关闭”　　D. “新建”

42. Word 中，文字环绕的默认方式是_____。
A. 无环绕型　　B. 四周型环绕
C. 上下型环绕　　D. 穿越型环绕

43. 在 Word 中，用户可以用_____的方式保护文档不受破坏。
A. 设置只读方式　　B. 不能设置只读方式和口令
C. 设置口令　　D. 既可设置只读方式又可设置口令

44. 在 Word 中插入脚注、批注时，最好将当前视图设为_____。
A. 普通视图　　B. 页面视图
C. 大纲视图　　D. 全屏视图

45. Word 允许用户自己设置段落对齐方式，其中设置段落右对齐应按_____组合键。
A. Ctrl + N　　B. Ctrl + Shift + D
C. Ctrl + R　　D. Ctrl + E

46. 在“绘图”工具栏中，单击“选择对象”按钮。若选取单个对象，可用箭头指针单击该对象，若选取多个对象时，可先按_____键再单击相应的对象，也可以框取多个对象。
A.【Ctrl】　　B.【Alt】　　C.【Shift】　　D.【Tab】

47. 在 Word 中，默认的对齐方式是_____。
A. 左对齐　　B. 右对齐　　C. 居中　　D. 两端分散对齐

48. 在 Word 中，关于打印文档的操作，下列叙述错误的是_____。
A. 选择“文件”|“打印”命令
B. 单击“常用”工具栏中的“打印”按钮
C. Windows 的“MS-DOS 方式”不能打印文档
D. 在“运行”对话框中输入“Type 文件名>>PRN”

49. 在打开的 Word 文档窗口中单击“打印”按钮后，下列描述中正确的是_____。
A. 需要等打印机打印完毕，才能切换到其他窗口进行操作
B. 可以立即切换到其他窗口操作，但如果打印未结束，不可以按“打印”按钮
C. 可以立即切换到其他窗口去做任何事情
D. 打印结束前，不能关闭已单击“打印”按钮的窗口

50. 在 Word 中并排字符、合并字符、双行合一都是在“中文版式”命令的级联菜单中选择，那么“中文版式”的上一级菜单是_____。
A. 编辑　　B. 视图　　C. 插入　　D. 格式

第7章 计算机网络基础知识

1. 通过_____可以构成互联网。
   A. 同种类型的网络及相关产品互联
   B. 同种或异种类型的网络及相关产品互联
   C. 大型主机与若干台终端远程互联
   D. 若干台大型主机互联
2. Internet是由_____发起而建立起来的。
   A. 美国国防部　　B. 联合国教科文组织
   C. 欧洲粒子物理实验室　　D. 英国牛津大学
3. _____是计算机网络最为突出的优点。
   A. 快速运算　　B. 高精度运算　　C. 大容量存储　　D. 共享资源
4. 计算机网络中共享软件资源主要是指_____。
   A. 共享网络中的各种语言处理程序和用户程序
   B. 共享网络中的各种用户程序和应用程序
   C. 共享网络中的各种语言程序及其相应数据
   D. 共享网络中的各种语言处理程序、服务程序和应用程序
5. 计算机网络中共享数据资源主要是指_____。
   A. 共享网络中的各种应用程序数据
   B. 共享网络中的各种文件数据
   C. 共享网络中的各种表格文件和数据文件
   D. 共享网络中的各种数据文件和数据库
6. 划分局域网与广域网的依据是_____。
   A. 通信传输介质的类型　　B. 网络拓扑结构的类型
   C. 占用信号频带的不同　　D. 通信距离的远近
7. Internet是由_____组成的。
   A. 个人计算机　　B. 各种网络　　C. 局域网　　D. 城域网
8. 广域网的英文全称是_____。
   A. ICP　　B. ISP　　C. LAN　　D. WAN
9. 信息高速公路中传送的信息属于_____。
   A. 图像信息　　B. 声音信息　　C. 文本信息　　D. 多媒体信息
10. 为计算机网络提供共享资源并管理这些资源的设备叫做_____。
   A. 网关　　B. 服务器　　C. 工作站　　D. 网桥
11. 局域网的网络硬件设备主要包括网络服务器、工作站、_____和通信介质。
   A. 计算机　　B. 网卡　　C. 网络拓扑结构　　D. 网络协议

12. 想以拨号方式接入因特网，应该选择_____的配置。

（1）PC　（2）电话线路　（3）Modem　（4）网络适配器

（5）网桥　（6）CF卡　（7）路由器　（8）拨号软件

A.（1）（2）（4）（5）　B.（1）（4）（5）（8）

C.（1）（3）（6）（7）　D.（1）（2）（3）（8）

13. 调制解调器可以转换_____与计算机数字信号。

A. 电话线上的数字信号　B. 细同轴电缆上的音频信号

C. 粗同轴电缆上的数字信号　D. 电话线上的音频信号

14. 个人计算机拨号接入 Internet 网时，不是必须使用的设备是_____。

A. 电话线路　B. 浏览器　C. 网卡　D. 调制解调器

15. 下列表述不正确的是_____。

A. 调制解调器是局域网络设备　B. 集线器是局域网络设备

C. 网卡是局域网络设备　D. 中继器是局域网络设备

16. 要利用公用电话网的线路来传输计算机的数字信号就必须配置下列_____设备。

A. 编码解码器　B. 调制调解器　C. 集线器　D. 网卡

17. 计算机网络使用的通信介质包括_____。

A. 电缆、光纤和双绞线　B. 有线介质和无线介质

C. 光纤和微波　D. 卫星和电缆

18. 网卡上的绿灯亮时表明_____。

A. 网络连接正常　B. 正在发送数据

C. 网卡已损坏　D. 正在接收数据

19. 网络设备中的中继器又称_____。

A. Gateway　B. NIC　C. Repeater　D. Hub

20. 如果要将运行了不同网络操作系统的两个局域网互联，就必须配置_____。

A. 网卡　B. 网关　C. 网桥　D. 中继器

21. 下列选项中，抗干扰能力最强的传输媒体是_____。

A. 微波　B. 光纤　C. 同轴电缆　D. 双绞线

22. 下列选项中_____不是上网的方式。

A. ICP　B. ISDN　C. DDN　D. 拨号

23. 双绞线、同轴电缆和_____属于网络上常用的有线通信媒体。

A. 微波　B. 红外线　C. 光缆　D. 激光

24. 网络实质上是将_____互联。

A. 计算机直接与若干终端　B. 计算机直接与计算机

C. 计算机与计算机之间通过网络设备　D. 网卡与若干终端

25. 由_____可构成远程终端联机系统。

A. 一台计算机和一台终端远程相连　B. 一台计算机和若干台终端远程相连

C. 若干台计算机和一台终端远程相连　D. 若干台计算机和若干终端远程相连

26. 局域网的数据传输率一般在_____范围内。

A. 9 600 bit/s～56 kbit/s　B. 64 kbit/s～128 kbit/s

C. 10 Mbit/s～1 000 Mbit/s　D. 1 000 Mbit/s～10 000 Mbit/s

27. 比特率 b/s 是指_____。
    A. 信号每秒传输几千米远　　B. 信号每秒传输几米远
    C. 每秒传送多少个二进制位　　D. 每秒传送多少项数据
28. OSI 的七层模型中，位于上面的_____层主要通过软件来实现。
    A. 3　　B. 4　　C. 5　　D. 6
29. _____是 OSI 开放系统互连参考模型中的第一层。
    A. 物理层　　B. 数据链路层　　C. 网络层　　D. 传输层
30. _____是因特网的主要通信协议。
    A. CDMA　　B. CSMA/CD　　C. TCP/IP　　D. X.25
31. 超文本主要是指_____。
    A. 该文本中包含有图像信息　　B. 该文本中包含有声音信息
    C. 该文本中包含有二进制字符　　D. 该文本中包含指向其他文本的链接
32. HTTP 是一种_____。
    A. 程序设计语言　　B. 顶级域名
    C. 超文本传输协议　　D. 网址
33. 用户通过 WWW 浏览器看到的页面文件叫做_____文件。
    A. 文本　　B. Windows　　C. 超文本　　D. 二进制
34. 计算机网络中_____软件负责管理整个网络的各种资源。
    A. 网络应用软件　　B. 通信协议软件
    C. OSI　　D. 网络操作系统
35. Novell Netware 是一种_____。
    A. 网络操作系统　　B. 通用操作系统　　C. 实时操作系统　　D. 分时操作系统
36. 下列选项中_____网络操作系统支持 Telnet。
    A. Windows NT　　B. Netware 和 Windows 2000
    C. Windows NT 和 UNIX　　D. UNIX
37. Netware 属于_____位网络操作系统。
    A. 8　　B. 16　　C. 32　　D. 64
38. 表示因特网上计算机的地址时可以采用_____格式或域名格式。
    A. 绝对地址　　B. 链接　　C. IP 地址　　D. 相对地址
39. 因特网为上面的每个结点都分配了一个唯一的地址，该地址可以用_____数字和小数点来表示。
    A. 八进制　　B. 十六进制　　C. 十二进制　　D. 十进制
40. 每个 C 类 IP 地址可以连上_____个主机。
    A. 24　　B. 48　　C. 256　　D. 1024
41. 下列选项中不属于因特网顶级域名的有_____。
    A. edu　　B. www　　C. int　　D. net
42. 下列选项中的地区域名对应于中国的是_____。
    A. lg.com.au　　B. ibm.com.il　　C. Bwa.com.cn　　D. Eeec.ch
43. 以字符串来表示的 IP 地址又叫_____。
    A. 域名　　B. 账户　　C. 主机名　　D. ID 名

44. 配置 TCP/IP 协议上网前，一般要指定______的 IP 地址。

A. DNS 服务器　　B. 电子邮件服务器

C. Cophere 服务器　　D. WWW 服务器

45. 目前因特网提供的主要服务类型有电子邮件、WWW 浏览、远程登录及______。

A. 文件传输　　B. 协议转换　　C. 磁盘检索　　D. 电子图书馆

46. 因特网提供了多种服务，在______服务中用户只能进行与文件搜索和文件传送等有关的操作。

A. WAIS　　B. Telnet　　C. FTP　　D. Gopher

47. 假设某用户名为 abc，该用户通过 PPP 方式接入域名为 xyz.def.com.cn 的 Internet 邮件服务器。则该用户的电子邮件地址为______。

A. xyz.def.com.cn.abc　　B. abc.xyz.def.com.cn

C. xyz.def.com.cn@abc　　D. abc@xyz.def.com.cn

48. 因特网中______服务只能提供按文件的内容进行查询的功能。

A. Gopher　　B. Telnet　　C. WAIS　　D. Archie

49. 从 POP 邮件服务器传输来的新邮件保存在 Outlook Express 的______里。

A. 收件箱　　B. 已发邮件箱　　C. 发件箱　　D. 已删除邮件箱

50. 同一个 Internet 服务提供商的 SMTP 邮件服务器和 POP 邮件服务器______。

A. 必须是同一台主机　　B. 可以是同一台主机

C. 必须是两台主机　　D. 以上说法均不对

参考答案

第 1 章　计算机基础知识

1. A	2. C	3. D	4. A	5. C	6. C
7. B	8. B	9. C	10. A	11. A	12. D
13. D	14. B	15. C	16. D	17. D	18. D
19. D	20. D	21. B	22. C	23. A	24. B
25. B	26. D	27. C	28. A	29. B	30. D
31. B	32. D	33. C	34. B	35. B	36. B
37. D	38. B	39. D	40. C	41. B	42. B
43. B	44. B	45. A	46. D	47. A	48. B
49. A	50. D	51. A	52. A	53. D	54. A
55. C	56. B	57. A	58. B	59. A	60. D
61. C	62. B	63. C	64. C	65. D	66. A
67. D	68. C	69. D	70. B	71. B	72. B
73. C	74. B	75. C	76. A	77. C	78. A
79. C	80. D	81. B	82. B	83. B	84. C
85. B	86. A	87. B	88. C		

第 2 章　计算机硬件基础知识

1. B	2. A	3. C	4. D	5. A	6. D
7. C	8. D	9. D	10. B	11. B	12. A
13. A	14. B	15. C	16. B	17. D	18. D
19. D	20. B	21. A	22. A	23. C	24. D
25. B	26. C	27. B	28. C	29. B	30. C
31. C	32. C	33. A	34. C	35. D	36. D
37. D	38. C	39. B	40. D	41. C	42. C
43. A	44. D				

第 3 章　计算机软件基础知识

1. A	2. B	3. C	4. B	5. B	6. A

7．C	8．A	9．D	10．A	11．D	12．C
13．D	14．A	15．B	16．D	17．C	18．A
19．D	20．A	21．B	22．D	23．D	24．B
25．D	26．C	27．B	28．D	29．B	30．B
31．C	32．B	33．C	34．A	35．B	36．A
37．D	38．B	39．C	40．B	41．C	42．C

第 4 章　计算机操作基础知识

1．C	2．D	3．A	4．C	5．B	6．C
7．C	8．D	9．C	10．C	11．C	12．C
13．B	14．C	15．A	16．D	17．A	18．D
19．C	20．C	21．D	22．D	23．D	24．D
25．A	26．A	27．C	28．A	29．D	30．A
31．D	32．D	33．D	34．C	35．A	36．B
37．C	38．C	39．C			

第 5 章　Windows 操作系统基础知识

1．B	2．C	3．B	4．A	5．C	6．D
7．B	8．C	9．A	10．A	11．C	12．B
13．D	14．A	15．B	16．A	17．D	18．C
19．D	20．B	21．A	22．C	23．D	24．B
25．D	26．B	27．A	28．D	29．C	30．B
31．C	32．B	33．D	34．A	35．C	36．B
37．C	38．A	39．A	40．B	41．C	42．D
43．A	44．A	45．D	46．略	47．略	

第 6 章　Word 文字处理基础知识

1．C	2．C	3．C	4．D	5．B	6．C
7．C	8．C	9．D	10．C	11．C	12．B
13．B	14．B	15．C	16．D	17．D	18．C
19．D	20．D	21．B	22．D	23．C	24．B
25．D	26．B	27．A	28．B	29．A	30．C
31．A	32．B	33．B	34．B	35．C	36．A
37．A	38．A	39．B	40．C	41．B	42．C
43．D	44．B	45．C	46．A	47．A	48．C

49. C　　50. D

第7章　计算机网络基础知识

1. B　　2. A　　3. D　　4. D　　5. D　　6. D
7. B　　8. D　　9. D　　10. B　　11. B　　12. D
13. D　　14. C　　15. A　　16. B　　17. B　　18. A
19. C　　20. B　　21. B　　22. A　　23. C　　24. C
25. B　　26. C　　27. C　　28. C　　29. A　　30. C
31. D　　32. C　　33. C　　34. D　　35. A　　36. D
37. C　　38. C　　39. D　　40. C　　41. B　　42. C
43. A　　44. A　　45. A　　46. C　　47. D　　48. C
49. A　　50. B